HIGHLY EFFICIENT ALGORITHMS FOR GEOMAGNETIC FIELD
CONTINUATION AND ITS APPLICATIONS

陈龙伟　陈欣　吴乐园　欧阳芳　吕云霄　著

地磁场延拓高效算法研究及其应用

中南大学出版社
www.csupress.com.cn
·长沙·

扫码查看本书彩图

目　录

第1章 绪 论

1.1 研究对象

本专著以水下惯性/地磁匹配组合导航为应用背景，研究地磁场数据的延拓问题。地磁场是矢量场，既有大小又有方向。由经典场论可知，地磁场可以表示为磁位的负梯度。用 $\vec{T}(x, y, z)$ 表示地磁场，$u(x, y, z)$ 表示磁位，即存在如下关系：

$$\vec{T}(x, y, z) = -\nabla u(x, y, z) \tag{1.1}$$

地磁场的空间分布规律满足麦克斯韦方程，它们是一组关于矢量函数的偏微分方程。引入磁位的概念，可以将矢量偏微分方程转化为标量偏微分方程，从而降低研究的难度。

利用磁力仪测量得到的数据，是地磁场在某方向上的分量，如航测磁异常值 ΔT 是地磁场在正常场方向上的分量，三分量 T_x、T_y、T_z 分别是地磁场在地理东、地理北、垂直方向（就地磁坐标系而言）上的分量。地磁场的这些分量与磁位之间存在偏导数关系。例如，地磁场水平分量与磁位 u 之间存在以下关系：

$$T_x = \frac{\partial u}{\partial x} \tag{1.2}$$

在无源空间，磁位满足拉普拉斯方程（Laplace equation），即：

$$\frac{\partial^2 u}{\partial x^2} + \frac{\partial^2 u}{\partial y^2} + \frac{\partial^2 u}{\partial z^2} = 0 \tag{1.3}$$

对于地磁场分量而言，简单推导可知，它们也满足拉普拉斯方程，如水平分量 T_x，由式（1.2）和式（1.3）：

$$\frac{\partial^2}{\partial x^2}\left(\frac{\partial u}{\partial x}\right) + \frac{\partial^2}{\partial y^2}\left(\frac{\partial u}{\partial x}\right) + \frac{\partial^2}{\partial z^2}\left(\frac{\partial u}{\partial x}\right) = \frac{\partial}{\partial x}\left(\frac{\partial^2 u}{\partial x^2} + \frac{\partial^2 u}{\partial y^2} + \frac{\partial^2 u}{\partial z^2}\right) = 0 \tag{1.4}$$

由于地磁场在某方向上的分量也满足拉普拉斯方程，可以将各分量也视为"位"[1]，本专著研究的位场延拓算法，适用于所有可以看成"位"的地磁场分量。因此，本专著的研究对象，从数学角度讲，就是位函数；从物理角度讲，就是地磁场的各分量。

1.2 研究背景及研究意义

1.2.1 研究背景

21世纪是海洋的世纪，海洋占地球表面积的 70.8%，蕴藏着丰富的生物、矿产、化学和动力资源，探索和开发海洋将成为人类主要的生产活动，自主式水下航行器（AUV）将成为这一生产活动的重要工具。利用 AUV，可以完成水下探测、水下设施检查、海洋资源勘查与开发、海洋环境时空变化的监测、海洋救险和打捞等任务。因此，AUV 已成为世界海洋大国的研究热点。

AUV 存在广泛的军事用途，不少国家将其看作现代海军的"力量倍增器"。远程自主式水下航行器是 AUV 应用于军事领域的典型代表，特别是核潜艇，因其隐蔽性好，作战半径大，在战略威慑、战略反潜、战区制海、海上封锁、潜基导弹防御、隐蔽监视、对地攻击等方面发挥着重要作用。同时，潜艇可承担水下测量、绘制海图、布设水声应答器、搜索军事目标和进行水雷战等军事任务。

长航时、高精度、自主性、隐蔽性等是军用 AUV 对导航系统提出的特殊要求，就目前导航技术发展水平而言，这些要求还未能得到很好的满足，特别是长航时自主导航精度，远不能满足要求，甚至成为制约 AUV 发展的瓶颈之一[2-4]，因此，迫切需要探索和研究解决这一瓶颈问题的新的技术途径。惯性导航系统具有自主性好、隐蔽性强、全天候工作、能为载体提供连续实时的导航参数，以及短时间内导航精度高等优点,但是,惯性导航系统存在导航误差随时间累积的固有弱点。而地磁匹配导航系统的突出优点是定位误差不随时间积累。因此将这两者组合,构成惯性/地磁匹配组合导航系统,不失为一种理想的选择。本专著以AUV为应用对象,针对惯性/地磁匹配组合导航中的水下地磁基准图的获取问题展开研究。

1.2.2 研究意义

如图1.1所示,惯性/地磁匹配组合导航原理可以简单概括为:将选定区域的地磁场的某种特征值(如地磁异常值)制成参考图,预先储存在AUV上的计算机中。当AUV经过该区域时,磁力仪对地磁场进行实时测量,由实测值构成实时图。将实时图与预存的地磁基准图进行相关匹配,确定实时图在基准图中的最相似点,即匹配点,从而确定出AUV的精确实时位置,该位置信息与惯导系统的导航信息进行组合滤波,为AUV提供高精度导航服务。

基于上述对惯性/地磁匹配组合导航原理的认识,一般认为要实现惯性/地磁匹配组合导航,需要着重解决三个关键问题[5-12]:

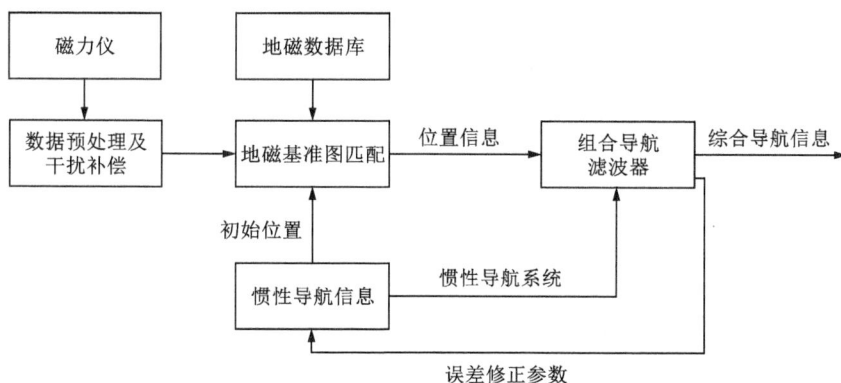

图1.1 惯性/地磁匹配组合导航原理图

(1)载体干扰磁场补偿;
(2)地磁基准图的获取;
(3)匹配定位和组合导航方法。

地磁基准图是实现地磁匹配定位的数据基础。为完成地磁匹配定位,需要利用AUV获得航行深度面上的地磁基准图。目前通过航空地磁测量或海面地磁测量方式得到的地磁数据，只是水面或其上方空间内某一平面或曲面上的地磁数据。由于地磁场在空间垂直方向上的幅值是变化的，所以航测磁数据或海测磁数据不能直接作为 AUV 航行面上的地磁基准图数据。显然，通过直接测量的方式得到水下地磁数据是不现实的。由经典场论中的位场延拓理论可知，根据已有的航测磁数据或者海测磁数据，采用延拓算法，可以计算得到水下地磁数据，这样的过程称为位场向下延拓，如图 1.2 所示。研究位场延拓问题，为获取水下地磁数据提供理论和方法支撑，是本专著的主要任务，这对实现水下惯性／地磁匹配组合导航具有重要意义。

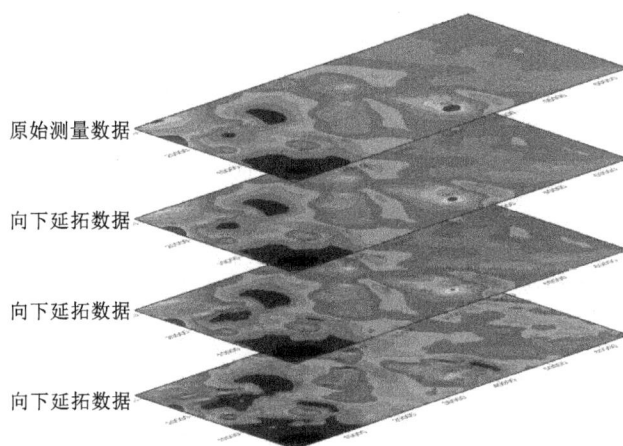

图 1.2　位场向下延拓示意图

在地球物理领域，位场延拓是一种重要的数据处理方法，具有广泛的应用。位场延拓分为向上延拓和向下延拓。向上延拓的用途包括：融合不同高度的航测数据，使之归化到同一高度面[13]；通过压制浅源异常来突出深源异常[13, 14]；用于不同尺度位场的分离[15]。向下延拓可以增强异常的细节信息，有助于数据解释[13, 16]。从数学上讲，位场向上延拓属于适定问题，目前已得到较好的解决，而向下延拓属于不适定问题，还没有得到很好的解决。所以，深入研究位场延拓问题，尤其是向下延拓问题，具有重要的理论价值和应用价值。

1.3　位场延拓方法国内外研究现状

1.3.1　平面位场延拓

平面位场向上延拓问题从理论上已得到解决,在空间域,向上延拓问题的解析解是一个二维卷积积分,一般称为向上延拓积分(upward continuation integral)。Dean[17]推导出了向上延拓积分核函数的频率域表达式,得到了位场向上延拓频率域表达式。这样平面位场向上延拓问题就可以从空间域和频率域两个角度着手求解。在 Cooley 和 Turkey[18]发现了快速傅里叶变换算法(FFT)后,采用频率域方法解决平面位场向上延拓问题成为主流,通常称之为傅里叶变换法(FT 算法),该算法效率高且稳定,能够处理大数据量情况下的观测数据。

实际观测得到的位场数据,是有限区域上的离散数据,若将位场视为空间坐标的连续函数,实测数据相当于对连续函数进行截断、离散采样,由谱分析理论可知[19],实测数据计算得到的位场频谱与理论频谱间是有差异的,因为离散采样会导致频谱的周期延拓,截断会导致频谱的混淆,观测数据在截断边界处会产生吉布斯现象,出现所谓的"假频",一般称为边界效应(edge effect),三种因素综合作用,会使计算得到的位场频谱变得复杂。文献[20]对上述由于有限截断、离散采样产生的问题从理论上进行了详细分析。文献[21]指出,因有限截断和离散采样,非周期函数的连续傅里叶变换由离散傅里叶变换来实现,会导致频谱的"零频(dc)"过小而高频过高,为解决该问题,Cordell 等[21]提出了先将观测数据拓展成周期函数再进行离散傅里叶变换的思路,在拓展前采用等效源方法先对观测数据进行扩边。文献[22]对边界影响进行了较深入的分析,提出了一种经验性的方法来提高频谱的计算精度。为减小边界效应的影响,一般采用数据扩边的策略,常用的扩边方法有余弦扩边、对折扩边、线性扩边等,文献[23]给出了一种区域场扩边方法。扩边方法没有很好的理论支撑,只能在一定程度上减小边界效应对位场数据变换结果的影响。从数学上讲,解决有限截断、离散采样产生的问题,目的是提高傅里叶变换的数值计算精度,使计算得到的频谱更接近真实频谱。文献[24]发展了傅里叶变换数值计算理论(作者称新理论为偏移抽样理论,Shifted Sampling Theory),提出了提高傅里叶变换数值计算精度的新算法。由于有限截断、离散采样引起的各种误差对位场向上延拓频率域算法影响不大,但对向下延拓频率域算法影响很大。因此，上述提到的减小误差的方法在位场向下延拓问题研究中将发挥重要作用。

平面位场向下延拓问题属于不适定问题，它的不适定性主要体现在向下延拓过程的不稳定性方面，即它的解是不稳定的。从信号处理的角度讲，向下延拓相当于高通滤波，对高频信号具有指数放大作用。观测数据中的噪声往往体现为高频成分，向下延拓使噪声信号得到指数放大，甚至淹没有用信号，延拓结果失去意义。引起向下延拓不稳定的因素还包括上文所述的边界效应、高频混淆引起的误差。如何使向下延拓过程稳定成为位场向下延拓问题研究的核心内容。解决向下延拓问题的方法大致可分为以下三类。

第一类方法主要是将位场数据视为一种二维"信号"，借鉴信号处理理论和方法，通过设计"低通滤波器"（或称低通滤波算子），压制向下延拓对高频成分的过度放大作用，使得向下延拓过程稳定。基于信号滤波理论，文献[25, 26]提出了补偿圆滑滤波法；文献[27]提出补偿圆滑滤波和逐次下延相结合的向下延拓方法；文献[28]提出利用组合滤波方法进行向下延拓；文献[29]提出串联匹配滤波器的方法进行向下延拓；文献[30]提出了补偿圆滑滤波和迭代法相结合的稳定向下延拓方法。

第二类方法主要是依据正则化理论来解决位场向下延拓问题。正则化理论是解决不适定问题的有力工具，由 Tikhonov 和 Philiphs 于 20 世纪 60 年代初分别独立提出[31]。Tikhonov 推导出了平面位场向下延拓频率域正则算子，给出了正则化参数确定的拟最优准则法[32]。文献[33]对正则化理论解决位场延拓问题进行了深入的理论分析，并给出了稳定算法；文献[34]对正则化方法向下延拓的四个频率域响应公式进行了分析，并对正则化参数的确定方法进行了探讨；文献[35]提出了位场向下延拓波数域广义逆算法，其本质上也是一种正则化方法；文献[36]给出了向下延拓 Tikhonov 正则化方法中正则化参数选择的 C 范数方法。

文献[37]提出了平面位场向下延拓积分迭代法，该方法稳定、向下延拓深度大，引起广泛关注。文献[38]和文献[39]采用不同数学方法对积分迭代法的收敛性进行了分析；文献[40]分析了噪声对积分迭代法计算误差的影响；文献[41]对积分迭代法的正则性进行了分析。文献[42]对迭代法的特性进行了较深入的理论分析。由于积分迭代法的成功，多种其他形式的迭代方法被应用于向下延拓问题的求解。文献[43]对积分迭代法、Landweber 迭代法和迭代 Tikhonov 正则化法解决向下延拓问题的效果进行了对比分析；文献[30]提出了将补偿圆滑滤波思想与迭代法相结合的位场向下延拓方法；文献[44]提出了一种向下延拓自适应迭代 Tikhonov 正则化方法。

有别于上述两类方法的其他方法归为第三类。文献[45, 46]将 BG 反演理论用于向下延拓问题的求解；文献[47]从反问题入手，提出了位场向下延拓最小二乘反演(least square inversion)方法；文献[48]提出了 ISVD 法，其本质上是一种基于泰勒级数展开的方法；文献[49]和文献[50]分别提出了基于多尺度约束的重力场和磁场向下延拓方法。

1.3.2　曲面位场延拓

本专著中研究的曲面位场延拓问题，特指平化曲和曲化平两类，它们构成一对正反问题。在空间域，平化曲问题可以用二维积分表示，该积分与平面位场向上延拓积分很相似，但前者不是卷积积分，没有对应的频率域计算式，导致平化曲的计算量特别大。曲化平问题与平面位场向下延拓问题一样，属于不适定问题，再加上计算量问题，使得曲化平比平面位场向下延拓问题更难解决。

目前解决平化曲问题较实用的方法是 Cordell[51] 提出的"chessboard method"(中文文献译为"棋盘法")，该方法通过平面位场向上延拓算法得到包围延拓曲面的多个平面位场数据，采用插值方法计算得到曲面上的位场值，算法速度快。另一种解决方法是泰勒级数展开法，Cordell[52] 使用了二阶泰勒级数展开式进行平化曲，其中一阶和二阶导数都在频率域计算，算法速度快，但是只能用于曲面起伏度较小的情况。

解决曲化平问题的方法主要是等效源方法(equivalent source method)和泰勒级数展开方法(Taylor-series expand method)。文献[13]对这两种方法的原理进行了较详细的阐述，指出利用等效源方法的关键在于确定等效源的位置、形状和物性参数。文献[53-62]围绕上述三个关键问题，对等效源方法进行了研究，提出了不同形式的等效源方法。等效源方法用于具体数值的实现时，面临大型矩阵方程求解问题。为了解决该问题，文献[63]根据场源随距离衰减的特性，将矩阵方程系数矩阵转化为稀疏矩阵，减少了方程求解时的计算量以及算法对计算机内存的要求；文献[64]采用小波余弦非线性阈值压缩算法，实现了大型 Fredholm 积分方程的降阶，提高了曲化平的效率；文献[65]采用正交紧支撑小波，对系数矩阵进行稀疏表示，然后采用共轭梯度最小二乘法求解变换后的稀疏矩阵方程，同样带来了计算效率的提高，并减轻了计算机内存负担。

文献[62]提出的基于等效源思想的任意曲面间延拓方法，巧妙地避免了大型矩阵方程的求解运算。该方法的关键环节是根据曲面观测数据计算其下方平面上的等效源。该文献作者推导出了平面分布的等效源与曲面上位场之间的频率域关系式，采用迭代思想，借助 FFT 算法，实现了等效源的快速确定。文献[66]对有关曲面位场延拓的理论问题和算法问题进行了详细分析。文献[67]提出了曲化平的插值-迭代法，该方法采用插值的思想实现平化曲，结合迭代方法实现曲化平，算法快速稳定。文献[68-70]也采用了迭代的方式实现快速曲化平。

综上所述，目前处理大规模位场数据的实用的位场延拓方法(包括向上延拓和向下延拓)都需要借助 FFT 算法，并在频率域内实现。由于观测数据是有限范围内的离散数据，频率域方法不可避免地会受到边界效应等问题的影响，尤其是在处理向下延拓问题时，这种影响有可能导致延拓结果发散。研究新的针对大规模位场数据的快速性好、稳定性强、延拓结果精度高的延拓方法，是本专著的主要任务。

1.4 组织结构及主要研究成果

1.4.1 组织结构

本书重点研究了频率域和空间域两大类延拓方法，各章主要内容如下。

第 1 章绪论。本章主要阐述了本书的研究对象、研究背景和研究意义，总结了位场延拓问题国内外研究现状。

第 2 章位场延拓问题的基础理论。本章将位场向上延拓问题表示成偏微分方程边值问题，利用格林公式和拉普拉斯方程基本解，较详细地推导了位场向上延拓积分表达式，给出了相应的频率域表达式，介绍了位场向上延拓频率域 FT 算法；对向下延拓问题进行了定性分析，给出了求解思路。

第 3 章平面位场延拓频率域算法及改进。本章从数学上证明了位场向下延拓积分迭代法是收敛的，分析了该方法的频率域滤波特性；分析了对任意采样点数位场数据进行离散傅里叶变换时，离散频率的计算问题；提出了基于 L 曲线法的快速正则化参数确定算法，完善了位场向下延拓 Tikhonov 正则化方法，利用仿真数据和实测数据，分析了空间域算法性能。

第 4 章平面位场向上延拓空间域 BCE 算法。本章首先给出了向上延拓空间域方法的理论基础，提出了新的向上延拓积分离散化方法，从数学上证明了离散化后的系数矩阵是对称、分块 Toeplitz 矩阵（BTTB）；然后引入了一种 BTTB 矩阵与向量相乘的快速算法，实现了空间域向上延拓，利用仿真数据和实测数据，分析了空间域算法性能；最后分析了向上延拓空间域方法和频率域方法之间的关系。

第 5 章平面位场向下延拓空间域 CGLS-BCE 算法。本章首先引入 Lanczos 算法对系数矩阵的病态性进行分析；然后给出了空间域求解平面向下延拓问题的研究思路，包括优化泛函的构造方法和优化问题的迭代解法，对逐次逼近迭代法和最速下降迭代法求解各类优化泛函进行了详细分析；最后给出了向下延拓空间域 CGLS-BCE 算法，利用仿真数据和实测数据对算法性能进行了分析。

第 6 章曲化平空间域 CGLS-SI-BCE 算法。本章对平面位场向下延拓问题和曲化平问题在数学上的相似性进行了分析，引入并分析了分层插值法和泰勒级数展开法两种快速平化曲方法，在此基础上，提出了实现曲化平的快速稳定 CGLS-SI-BCE 算法。利用仿真数据和实测数据对平化曲算法和曲化平算法的性能进行了分析。

1.4.2 主要研究成果

本专著对位场延拓方法进行了系统研究，并给出了实用、快速、稳定的位场延拓算法，主要成果包括：

（1）依据 Parseval 等式，将平面位场向下延拓 Tikhonov 正则化方法的实现环节转换到频率域，提出了基于 L 曲线法的正则化参数频率域快速确定方法，完善了 Tikhonov 正则化方法。仿真数据和实测数据检验结果表明，所提出的方法能够快速确定较合适的正则化参数，获得较好的向下延拓结果。

（2）从离散傅里叶变换作为傅里叶变换的数值逼近观点出发，解决了对任意采样点数位场数据进行离散傅里叶变换时，离散频率的计算问题，为位场数据变换（如延拓、求导等）中使用任意采样点数的快速傅里叶变换算法奠定了基础。在此基础上，提出了向上延拓 GFT 算法，可以直接对任意采样点数位场数据进行延拓。仿真数据和实测数据检验结果表明，GFT 算法向上延拓速度快、精度高，再次证实本书给出的离散频率计算公式是正确的。

（3）深入研究了平面位场向上延拓空间域求解方法。从平面位场向上延拓积分方程出发，提出了一种新的向上延拓积分方程离散化方法；将向上延拓离散计算公式表示成规范的线性代数方程组形式，从数学上证明了系数矩阵是对称的分块 Toeplitz 矩阵（BTTB）；引入 BTTB 矩阵与向量相乘的快速算法（BCE 算法），实现了空间域向上延拓。仿真数据和实测数据检验结果表明，BCE 算法向上延拓速度快、精度高。

（4）以向上延拓空间域 BCE 算法为基础，研究了平面位场向下延拓空间域求解方法。引入完全再正交化 Lanczos 算法，分析了系数矩阵的病态性；从优化观点出发，将向下延拓问题转化为优化问题，给出了空间域求解优化问题的研究思路，较详细分析了优化泛函的构造方法，对比分析了目前常用的两类迭代求解方法。在上述工作的基础上，提出了向下延拓空间域 CGLS-BCE 算法，仿真数据和实测数据检验结果表明，CGLS-BCE 算法快速、稳定，且具有较好的延拓结果精度。

（5）鉴于曲化平问题和平面位场向下延拓问题的相似性，根据空间域平面向下延拓问题研究思路和方法，研究了曲化平问题的空间域求解方法。平化曲是曲化平的基础，引入并分析了分层插值法和泰勒级数展开法两种快速平化曲算法，在此基础上，提出了曲化平 CGLS-SI-BCE 算法，仿真数据和实测数据检验结果表明，CGLS-SI-BCE 算法快速、稳定，且具有较好的延拓结果精度。

第 2 章　位场延拓问题的基础理论

位场向上延拓可以表示成偏微分方程边值问题，通过格林函数，可以得到对应的边界积分方程，从边界积分方程入手研究延拓算法是本专著的研究思路，本章将给出边界积分方程的详细推导过程。向上延拓是向下延拓的基础，对照向上延拓边界积分方程的推导，本章将对向下延拓问题进行定性分析。

2.1　位场向上延拓问题的数学描述

位场向上延拓属于定解问题，在数学上可以表示成如下所示偏微分方程边值问题[66]：

$$\begin{cases} \dfrac{\partial^2 u}{\partial^2 x} + \dfrac{\partial^2 u}{\partial^2 y} + \dfrac{\partial^2 u}{\partial^2 z} = 0 & (x, y, z) \in \Omega \\ u = f(x, y, z) & (x, y, z) \in \Gamma_s \\ u = 0 & (x, y, z) \in \Gamma_\infty \end{cases} \tag{2.1}$$

图 2.1 所示为位场向上延拓无源区域及其边界，无源区域 Ω 是封闭区域，其边界包括 Γ_s 和 Γ_∞ 两部分。按照位场随距离衰减的规律，无穷远边界 Γ_∞ 上的位场值取为 0，称为自然边界条件；边界 Γ_s 代表实际观测面，如航空磁测数据或海面磁测数据的测量面，边界 Γ_s 上的位场值就是实际观测数据。

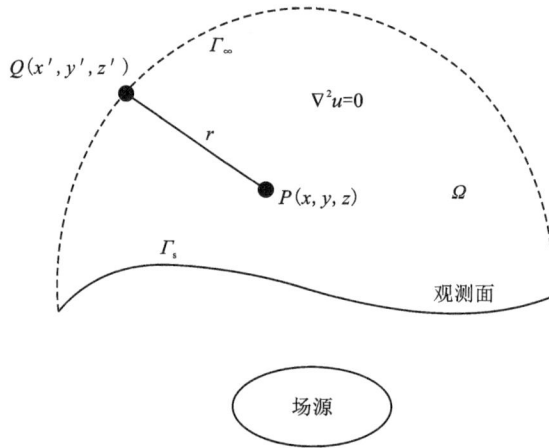

图 2.1　位场向上延拓无源区域及边界示意图

2.2　位场向上延拓边界积分方程

目前常见的位场向上延拓问题的解决思路是先将式(2.1)给出的偏微分方程边值问题转化为边界积分方程问题，再通过数值求解边界积分方程来解决位场向上延拓问题。本部分依据参考文献[13,71]，给出边界积分方程的推导过程。

为表述简洁，利用微分算子∇来简记拉普拉斯方程为：

$$\nabla^2 u = 0$$

按照惯例，推导过程中选用直角坐标系，z 轴垂直向下为正。推导过程中利用的主要数学工具是格林公式和拉普拉斯方程的基本解。附录 B 对格林公式进行了简单推导。拉普拉斯方程的基本解为：

$$\varphi = \frac{1}{4\pi r} \tag{2.2}$$

式中，r 表示区域内点 P 至边界上任意点 Q 的距离。称点 P 为计算点，点 Q 为流动点，如图 2.1 所示。

基本解 φ 是关于点 P 的函数，它满足：

$$\nabla^2 \varphi = -\delta(P) \tag{2.3}$$

式中，$\delta(P)$ 为狄拉克函数。

设函数 u, v 在区域 Ω 及其边界 Γ（由 Γ_∞ 和 Γ_s 组成）上连续，且有连续的一

阶偏导数，在区域 Ω 内有连续的二阶偏导数，由格林第二公式可知：

$$\int_{\Omega} u\delta(P)(u\nabla^2 v - v\nabla^2 u)\mathrm{d}\Omega = \oint_{\Gamma}\left(u\frac{\partial v}{\partial n} - v\frac{\partial u}{\partial n}\right)\mathrm{d}\Gamma \tag{2.4}$$

式中，n 表示边界的外法向。

若再进一步假设函数 u 在区域 Ω 是调和的，即 $\nabla^2 u = 0$，且取 $v = \frac{1}{r}$，则由式(2.3)和式(2.4)可得：

$$-4\pi\int_{\Omega} u\delta(P)\mathrm{d}\Omega = \oint_{\Gamma}\left(u\frac{\partial}{\partial n}\frac{1}{r} - \frac{1}{r}\frac{\partial u}{\partial n}\right)\mathrm{d}\Gamma \tag{2.5}$$

由式(2.5)进一步可得：

$$u(P) = -\frac{1}{4\pi}\oint_{\Gamma} u\frac{\partial}{\partial n}\frac{1}{r}\mathrm{d}\Gamma + \frac{1}{4\pi}\oint_{\Gamma}\frac{1}{r}\frac{\partial u}{\partial n}\mathrm{d}\Gamma \tag{2.6}$$

式(2.6)是对应式(2.1)给出的偏微分方程边值问题的边界积分方程表达式的一般形式。根据积分限可加原理，式(2.6)右端积分可以分解为：

$$\oint_{\Gamma}\left(u\frac{\partial}{\partial n}\frac{1}{r} - \frac{1}{r}\frac{\partial u}{\partial n}\right)\mathrm{d}\Gamma = \int_{\Gamma_s}\left(u\frac{\partial}{\partial n}\frac{1}{r} - \frac{1}{r}\frac{\partial u}{\partial n}\right)\mathrm{d}\Gamma + \int_{\Gamma_{\infty}}\left(u\frac{\partial}{\partial n}\frac{1}{r} - \frac{1}{r}\frac{\partial u}{\partial n}\right)\mathrm{d}\Gamma \tag{2.7}$$

现在考察无穷远边界 Γ_{∞} 上的积分。虽然边界 Γ_{∞} 上的场值恒为零，即 $u = 0$，但是 $\frac{\partial u}{\partial n}$ 的值不一定为零。所以，需要证明式(2.7)右端边界 Γ_{∞} 上的积分为零。假设地下的场源是有限的，边界 Γ_{∞} 离场源中心足够远，则可以近似认为边界 Γ_{∞} 上的位场值与其和场源的距离 R 的平方成反比，即

$$u = \frac{c}{R^2} \tag{2.8}$$

式中，c 为一常数，R 与 r 的含义是不同的。

计算无穷远边界 Γ_{∞} 上的积分，有

$$\int_{\Gamma_{\infty}}\left(u\frac{\partial}{\partial n}\frac{1}{r} - \frac{1}{r}\frac{\partial u}{\partial n}\right)\mathrm{d}\Gamma = \lim_{R\to\infty}\int_{\Gamma_{\infty}}\left[\frac{c}{R^2}\frac{\partial}{\partial n}\left(\frac{1}{r}\right) - \frac{1}{r}\frac{\partial}{\partial n}\left(\frac{c}{R^2}\right)\right]\mathrm{d}\Gamma$$

$$= \lim_{R\to\infty}\int_{\Gamma_{\infty}}\left[-\frac{c}{R^2}\frac{\cos(\vec{r},n)}{r} + \frac{2c}{r}\frac{\cos(\vec{R},n)}{R^2}\right]\mathrm{d}\Gamma \tag{2.9}$$

式中，$\cos(\vec{r},n)$，$\cos(\vec{R},n)$ 分别是 $\vec{r}$ 和 $\vec{R}$ 与外法向 n 的夹角的余弦。

在无穷远边界 Γ_{∞} 上，有 $R \approx r$，$\cos(\vec{r},n) \approx 1$，$\cos(\vec{R},n) \approx 1$，由此可以估

计式(2.9)右侧积分为

$$\lim_{R \to \infty} \left| \int_{\Gamma_\infty} \left[-\frac{c}{R^2} \frac{\cos(\vec{r}, n)}{r} + \frac{2c}{r} \frac{\cos(\vec{R}, n)}{R^2} \right] \mathrm{d}\Gamma \right|$$

$$\leqslant \lim_{R \to \infty} \left| \int_{\Gamma_\infty} \left[-\frac{c}{R^2} \frac{1}{r} + \frac{2c}{r} \frac{1}{R^2} \right] \mathrm{d}\Gamma \right|$$

$$\leqslant \lim_{R \to \infty} \frac{c}{R^3} \cdot \int_{\Gamma_\infty} \mathrm{d}\Gamma$$

$$= \lim_{R \to \infty} \frac{c}{R^3} \cdot \pi R = 0$$

上述推导证明无穷远边界 Γ_∞ 上的积分为零，即

$$\int_{\Gamma_\infty} \left(u \frac{\partial}{\partial n} \frac{1}{r} - \frac{1}{r} \frac{\partial u}{\partial n} \right) \mathrm{d}\Gamma = 0 \tag{2.10}$$

根据式(2.6)、式(2.7)和式(2.10)，可得

$$u(P) = -\frac{1}{4\pi} \int_{\Gamma_s} \left(u \frac{\partial}{\partial n} \frac{1}{r} - \frac{1}{r} \frac{\partial u}{\partial n} \right) \mathrm{d}\Gamma \tag{2.11}$$

由式(2.11)可知，只要知道观测面上的位场值 u 和位场的法向导数 $\frac{\partial u}{\partial n}$，就可以确定观测面上方(远离场源方向)的位场值。然而，在实际测量中，如航空磁测和海面磁测中，往往只能得到观测面上的位场值，不能得到位场的法向导数值。所以，直接使用式(2.11)进行位场向上延拓存在困难。而当观测面是平面时，延拓问题会得到简化，下面推导平面位场向上延拓积分方程。

当 u, v 在区域 Ω 内都是调和函数时，即 $\nabla^2 u = 0$，$\nabla^2 v = 0$，根据式(2.4)，可得

$$-\frac{1}{4\pi} \oint_\Gamma \left(u \frac{\partial v}{\partial n} - v \frac{\partial u}{\partial n} \right) \mathrm{d}\Gamma = 0 \tag{2.12}$$

将式(2.12)与式(2.6)两边分别相加，可得

$$u(P) = -\frac{1}{4\pi} \oint_\Gamma u \frac{\partial}{\partial n} \left(v + \frac{1}{r} \right) \mathrm{d}\Gamma + \frac{1}{4\pi} \oint_\Gamma \left(v + \frac{1}{r} \right) \frac{\partial u}{\partial n} \mathrm{d}\Gamma \tag{2.13}$$

如果区域 Ω 内存在某个调和函数 v，满足在边界 Γ 上时，$v + \frac{1}{r} = 0$，则式(2.13)可进一步简化为：

$$u(p) = -\frac{1}{4\pi} \oint_\Gamma u \frac{\partial}{\partial n} \left(v + \frac{1}{r} \right) \mathrm{d}\Gamma \tag{2.14}$$

通常 $v + \dfrac{1}{r}$ 称为格林函数。一般情况下，很难得到满足上述条件的函数 v 的解析表达式。但是当观测面为平面时，可以通过如下方法得到函数 v。如图 2.2 所示，无源区域 Ω 由无穷远的半球面边界 Γ_∞ 和平面 Γ_s 组成。在直角坐标系中，平面 Γ_s 表示为 $z = z_0$。令点 P' 为点 P 关于平面 $z = z_0$ 的镜像点，取 $v = -\dfrac{1}{\rho}$，其中 ρ 为点 P' 到点 Q 的距离。由于流动点 Q 与镜像点 P' 不重合，所以函数 v（关于点 Q 的函数）在区域 Ω 内处处调和，即 $\nabla^2 v = 0$。显然，当流动点 Q 位于平面 $z = z_0$ 时，有 $v + \dfrac{1}{r} = 0$ 恒成立。所以当观测面为平面时，取 $v = -\dfrac{1}{\rho}$，根据式（2.14）可得：

$$
\begin{aligned}
u(P) &= -\frac{1}{4\pi}\oint_{\Gamma} u\,\frac{\partial}{\partial n}\left(\frac{1}{r} - \frac{1}{\rho}\right)\mathrm{d}\Gamma \\
&= -\frac{1}{4\pi}\int_{\Gamma_\infty} u\,\frac{\partial}{\partial n}\left(\frac{1}{r} - \frac{1}{\rho}\right)\mathrm{d}\Gamma - \frac{1}{4\pi}\int_{\Gamma_s} u\,\frac{\partial}{\partial n}\left(\frac{1}{r} - \frac{1}{\rho}\right)\mathrm{d}\Gamma
\end{aligned} \tag{2.15}
$$

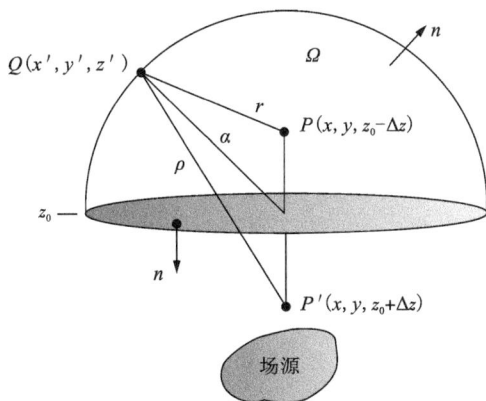

图 2.2　平面位场向上延拓示意图

在无穷远边界 Γ_∞ 上有 $u = 0$，类似上文推导，可得：

$$
\int_{\Gamma_\infty} u\,\frac{\partial}{\partial n}\left(\frac{1}{r} - \frac{1}{\rho}\right)\mathrm{d}\Gamma = 0 \tag{2.16}
$$

根据图 2.2 所示的几何关系，可知：

$$
r = \sqrt{(x - x')^2 + (y - y')^2 + (z_0 - \Delta z - z')^2}
$$

$$
\rho = \sqrt{(x - x')^2 + (y - y')^2 + (z_0 + \Delta z - z')^2}
$$

在平面 $z = z_0$ 上，外法向 n 与 z 轴方向重合，由此可得：

$$\frac{\partial}{\partial n}\left(-\frac{1}{r} - \frac{1}{\rho}\right) = \frac{\partial}{\partial z'}\left(-\frac{1}{r} - \frac{1}{\rho}\right) = \frac{z_0 - \Delta z - z'}{r^3} - \frac{z_0 + \Delta z - z'}{\rho^3} \quad (2.17)$$

在观测面 $z = z_0$ 上，有 $z' = z_0$，$r = \rho$，结合式(2.15)~式(2.17)，可得：

$$u(x, y, z_0 - \Delta z) = \frac{\Delta z}{2\pi}\int_{-\infty}^{\infty}\int_{-\infty}^{\infty}\frac{u(x', y', z_0)}{\left[(x-x')^2 + (y-y')^2 + \Delta z^2\right]^{3/2}}\mathrm{d}x'\mathrm{d}y'$$

$$(2.18)$$

式(2.18)是位场延拓中最简单也是最重要的边界积分方程[13]。由式(2.18)可知，只要知道了整个平面上的位场值，无须知道位场的法向导数值，就可以计算平面上方任意一点的位场值，这是式(2.18)相比式(2.11)的优势所在。

由式(2.18)的推导过程可以看到，该式只适用于观测面是平面的情况，不适用于观测面是曲面的情况，但利用该式，既可以计算某个给定平面上的位场值，也可以计算某个给定曲面上的位场值。式(2.18)是本书研究平面位场向下延拓和曲面位场向下延拓的出发点。

从形式上看，若取 Δz 为定值，则式(2.18)是关于变量 x，y 的二维卷积积分方程。定义积分核函数 $k(x, y)$ 为

$$k(x, y) = \frac{\Delta z}{2\pi} \cdot \frac{1}{(x^2 + y^2 + \Delta z^2)^{3/2}} \quad (2.19)$$

则式(2.18)可以表示成卷积方程形式：

$$u(x, y, z_0 - \Delta z) = k(x, y) * u(x, y, z_0) \quad (2.20)$$

式中，$*$ 代表卷积运算。

根据傅里叶卷积定理，式(2.20)在频率域可以表示成简洁的乘积形式，这里的关键环节是推导出核函数 $k(x, y)$ 所对应的傅里叶变换 $H_{up}(k_x, k_y)$。由文献[17]可知：

$$H_{up}(k_x, k_y) = \mathrm{e}^{-\Delta z\sqrt{k_x^2 + k_y^2}} \quad (2.21)$$

式中，k_x，k_y 分别为相应 x，y 方向的频率，$\Delta z > 0$。

$H_{up}(k_x, k_y)$ 为位场向上延拓频率域算子，由该算子容易看出，向上延拓相当于低通滤波，向上延拓后的位场变得光滑。式(2.20)对应的频率域表达式为：

$$U(k_x, k_y, z_0 - \Delta z) = U(k_x, k_y, z_0)\mathrm{e}^{-\Delta z\sqrt{k_x^2 + k_y^2}} \quad (2.22)$$

式中，$U(k_x, k_y, z_0 - \Delta z)$，$U(k_x, k_y, z_0)$ 分别为 $u(x, y, z_0 - \Delta z)$，$u(x, y, z_0)$ 的

二维傅里叶变换。

式(2.22)就是平面位场向上延拓频率域表达式。根据式(2.22)，可以得到频率域平面位场向上延拓算法，即传统的傅里叶变换法，简记为 FT 法，其算法过程见算法2.1。

算法 2.1　频率域位场向上延拓 FT 算法

---

1. 应用傅里叶变换，计算观测面 $z = z_0$ 上的位场 $u(x, y, z_0)$ 的频谱 $U(k_x, k_y, 0)$；

2. 将 $U(k_x, k_y, 0)$ 与向上延拓算子 $e^{-\Delta z \sqrt{k_x^2 + k_y^2}}$ 相乘，得到延拓面上位场的频谱 $U(k_x, k_y, z_0 - \Delta z)$；

3. 对 $U(k_x, k_y, z_0 - \Delta z)$ 进行傅里叶反变换，得到延拓面上的位场 $u(x, y, z_0 - \Delta z)$。

在利用计算机实现 FT 算法时，可以借助快速傅里叶变换(FFT)算法，所以 FT 算法效率是很高的。目前，处理大数据量的实用延拓算法，不管是向上延拓还是向下延拓，一般都转换到频率域，借助于 FFT 算法快速实现。

式(2.22)适用于从平面位场数据向上延拓得到延拓平面位场数据，不适用于由平面位场数据计算某一点的位场值，这是它和式(2.18)的一个不同之处[13]。

2.3　位场向下延拓问题分析

如 2.1 节所述，位场向上延拓问题可以描述为偏微分方程的边值问题，它是"适定"问题，即给出适当的边界条件，就可以唯一确定无源区域内任一点的位场值。位场向下延拓问题与向上延拓问题既有联系又有区别。下面利用图 2.3 所示的一组图来分析向下延拓问题。

为方便直观地进行对比分析，图 2.3(a)为图 2.1 的简化，其重点表示出了位场向上延拓问题的无源区域及其边界与场源的位置关系。假设向下延拓问题可以表示成偏微分方程的边值问题，那么首先需要确定无源区域及其边界。对于水下地磁导航而言，延拓时处理的数据是航空磁测数据或海面船测磁数据，观测面为飞机飞行高度面或海面，向下延拓是朝场源方向的延拓，即朝地球内部方向。这样延拓问题所在的封闭区域及边界就存在两种情况，如图 2.3(b)和图 2.3(c)所示。简单分析可知，图 2.3(b)所示区域不满足无源的要求，图 2.3(c)所示区域满足无源的要求，但是它的无穷远边界 Γ_∞ 上的位场值不是零，因为该边界显然不在"无穷远"处，它只能在海底地形以上。边界 Γ_∞ 离场源更近，其边界上的位

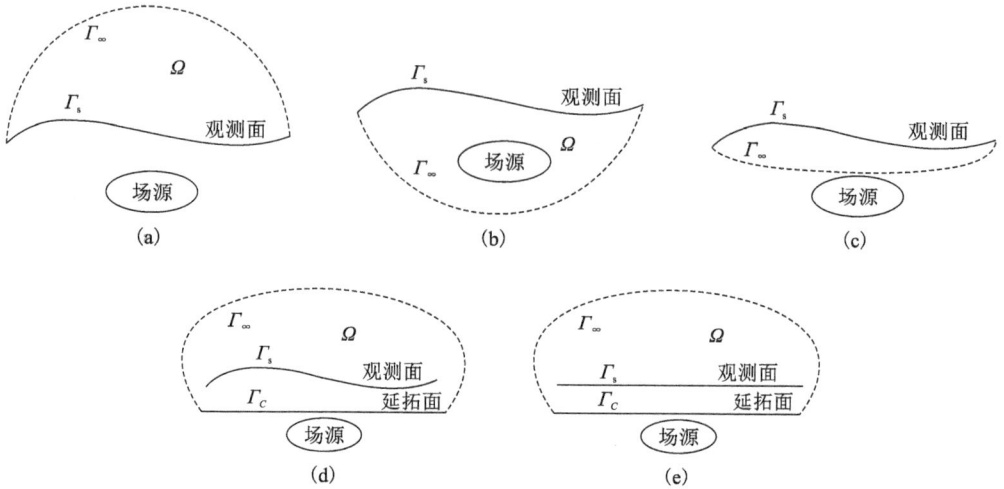

图 2.3 位场向下延拓问题解释组图

场值相比观测面 Γ_s 上的位场值而言，幅值更大。要想唯一确定图 2.3(c)所示无源区域内一点的位场值，就必须知道边界 Γ_∞ 上的位场值，显然这在实际中是难以做到的。总而言之，在实际工程应用中，无法通过求解偏微分方程的边值问题来完成向下延拓。

求解向下延拓问题的通常做法是将其视为向上延拓问题的反问题[45]。可以这样理解，向上延拓是通过边界位场观测值来计算区域内的位场值，反问题则是通过区域内的位场观测值，来计算边界上的位场值。直观描述如图 2.3(d)和图 2.3(e)所示。此时的延拓面成了整个封闭区域边界的一部分，而封闭区域边界的另一部分，即无穷远边界 Γ_∞，仍然取为远离场源的无穷远处，这样边界 Γ_∞ 上的位场值 就可以认为是零。为满足封闭区域无源的要求，延拓面自然不能过场源。当观测面为曲面时，称这样的延拓过程为曲面位场向下延拓，如图 2.3(d)所示；当观测面为平面时，称这样的延拓过程为平面位场向下延拓。

以上是对向下延拓问题的定性描述，如果要定量求解向下延拓问题，可以从向上延拓问题入手，即从式(2.18)入手。根据平面 $z = z_0$ 上的位场值，利用式(2.18)，可以计算区域内(即远离场源的平面上方空间)任意一点的位场值，也可以用它来计算区域内某个给定平面或曲面上的位场值。具体说来，取 $z_0 = 0$，Δz 为定值，给定平面 $z = -\Delta z$，利用式(2.18)可以计算整个平面 $z = -\Delta z$ 上的位场值，为清楚起见，这种情况下，将式(2.18)重新表示为：

$$u(x, y, -\Delta z) = \frac{\Delta z}{2\pi} \int_{-\infty}^{\infty} \int_{-\infty}^{\infty} \frac{u(x', y', 0)}{[(x-x')^2 + (y-y')^2 + \Delta z^2]^{3/2}} \mathrm{d}x'\mathrm{d}y' \quad (2.23)$$

式(2.23)是解决平面与平面之间位场延拓(向上和向下)问题的出发点。如图 2.3(e)所示,由平面向上延拓至平面的过程,就是平面位场向上延拓,由平面向下延拓至平面的过程,就是平面位场向下延拓。平面位场向下延拓与平面位场向上延拓可以用一个关系式统一起来。同理,取 $z_0 = 0$,给定曲面 $z = z(x, y) < 0$,利用式(2.18)也可以计算整个曲面 $z = z(x, y) < 0$ 上的位场值,为清楚起见,这种情况下,将式(2.18)重新表示为:

$$u[x, y, z(x, y)] = -\frac{z(x, y)}{2\pi} \int_{-\infty}^{\infty} \int_{-\infty}^{\infty} \frac{u(x', y', 0)}{[(x-x')^2 + (y-y')^2 + z(x, y)^2]^{3/2}} \mathrm{d}x'\mathrm{d}y'$$

$$(2.24)$$

式(2.24)是解决平面与曲面之间位场延拓问题的出发点。如图 2.3(e)所示,由平面向上延拓至曲面的过程,一般称为平化曲,由曲面向下延拓至平面的过程,就是曲面位场向下延拓,称为曲化平。平化曲和曲化平可以用一个关系式统一起来。

研究向下延拓算法的本质就是研究积分方程式(2.23)和积分方程式(2.24)的数值解法,这是本专著的主要内容,其包括空间域数值解法和频率域数值解法两种思路。空间域数值解法是直接对积分方程式(2.23)和式(2.24)离散化,转化为类似式(2.25)的线性代数方程组求解:

$$Ag = f \quad (2.25)$$

向下延拓问题的不适定性,导致离散化后得到的线性代数方程组是病态的,并且离散化后的方程组的维数多,使得方程组求解时计算量大。在计算机计算能力较低的时期,空间域数值解法受到限制。

频率域数值解法先将式(2.23)和式(2.24)通过一定方式变换到频率域,再对频率域公式进行数值求解。对于式(2.23),容易看出它是二维卷积积分方程,通过傅里叶变换,可以直接得到频率域表达式。根据式(2.22)(式中取 $z_0 = 0$),可以得到平面位场向下延拓频率域表达式:

$$U(k_x, k_y, 0) = U(k_x, k_y, -\Delta z) \mathrm{e}^{\Delta z \sqrt{k_x^2 + k_y^2}} \quad (2.26)$$

记 $H_{\mathrm{down}}(k_x, k_y)$ 为:

$$H_{\mathrm{down}}(k_x, k_y) = \mathrm{e}^{\Delta z \sqrt{k_x^2 + k_y^2}} \quad (2.27)$$

$H_{\text{down}}(k_x, k_y)$ 就是平面位场向下延拓理论频率域算子。

对应于平面位场向上延拓频率域算法 2.1，根据式(2.26)，易得到传统的频率域平面位场向下延拓算法，它同样称为傅里叶变换法，简记为 FT 算法(算法 2.2)。

算法 2.2　频率域位场向下延拓 FT 算法

1. 应用傅里叶变换，计算观测面 $z = -\Delta z$ 上的位场 $u(x, y, -\Delta z)$ 的频谱 $U(k_x, k_y, -\Delta z)$；

2. 将 $U(k_x, k_y, -\Delta z)$ 与向下延拓算子 $e^{\Delta z \sqrt{k_x^2+k_y^2}}$ 相乘，得到延拓面上位场的频谱 $U(k_x, k_y, 0)$；

3. 对 $U(k_x, k_y, 0)$ 进行傅里叶反变换，得到延拓面上的位场 $u(x, y, 0)$。

频率域平面位场向上延拓算法 2.1 和向下延拓算法 2.2 可以在一个程序框架下完成。相比空间域数值解法，频率域数值解法的最大优势是算法效率高，这主要得益于 FFT 算法。由向下延拓频率域算子 $e^{\Delta z \sqrt{k_x^2+k_y^2}}$ 可以看出，向下延拓相当于高通滤波，是不稳定的，它会将数据中的噪声指数放大，且频率越大，放大作用越强，从而延拓结果的信噪比越低。

采用正则化理论(regularization theory)可解决位场向下延拓问题的不适定性，可以利用正则化方法指导频率域和空间域稳定的向下延拓算法的研究。由于快速向上延拓算法是快速向下延拓算法的关键，本书借鉴数值线性代数领域新的高效数值算法，对频率域和空间域快速向上延拓算法进行了研究。在后续章节，将详细介绍本书研发的频率域和空间域快速向上延拓算法和快速稳定的向下延拓算法。

2.4　本章小结

本章从偏微分方程边值问题出发，利用格林函数和拉普拉斯方程基本解，详细推导了位场向上延拓边界积分方程，这是解决位场延拓问题的理论依据；对向下延拓问题进行了定性分析，给出了频率域和空间域求解位场向下延拓问题的思路，为后续章节的研究工作奠定基础；本章还给出了位场向上延拓和向下延拓传统的频率域 FT 算法，它们是后文给出的新的频率域向上延拓和向下延拓算法的基础。

第3章　平面位场延拓频率域算法及改进

前人已对平面位场延拓问题进行了深入研究，给出了许多优秀的频率域延拓方法。本章对解决平面位场向下延拓问题的积分迭代法和 Tikhonov 正则化方法，以及解决向上延拓问题的频率域 FT 算法进行了改进和完善。

3.1　向下延拓积分迭代法分析

积分迭代法[37, 72]具有速度快、稳定性好、向下延拓深度大等优点，受到众多学者的广泛重视。积分迭代法是一种迭代的方法，每次迭代过程的主要计算都是在频率域实现的[72]，所以积分迭代法是一种空间域和频率域相结合的方法。本节主要对积分迭代法的收敛性和频率域特性进行分析，为实际使用该方法提供理论参考。

3.1.1　收敛性分析

为简洁起见，重新将式(2.20)表示为

$$f(x, y) = k(x, y) * g(x, y) \tag{3.1}$$

式(3.1)对应的频率域表达式为

$$F(k_x, k_y) = e^{-\Delta z \sqrt{k_x^2 + k_y^2}} G(k_x, k_y) \tag{3.2}$$

在平面位场向下延拓问题中,已知 $f(x, y)$,目标是根据式(3.1)或者式(3.2),求解 $g(x, y)$。同式(2.21)一致,记 $H_{up}(k_x, k_y) = e^{-\Delta z\sqrt{k_x^2+k_y^2}}$ 为向上延拓频率域算子。

为叙述清楚起见,给出积分迭代法的算法描述如算法3.1所示。

算法3.1 位场向下延拓积分迭代法

---

1. Given s, k: = 0
2. $g_0(x, y)$: = initial guess;
3. begin iterations
4. $g_{k+1}(x, y) = g_k(x, y) + s[f(x, y) - k(x, y) * g_k(x, y)]$;
5. k: $k + 1$;
6. end iteration

对于一种迭代法来说,迭代格式是它的核心。由算法描述可知,积分迭代法的主要迭代格式为

$$g_{k+1}(x, y) = g_k(x, y) + s[f(x, y) - k(x, y) * g_k(x, y)] \tag{3.3}$$

定义估计误差 ε 为

$$\varepsilon(x, y) = f(x, y) - k(x, y) * \tilde{g}(x, y) \tag{3.4}$$

式中,$\tilde{g}(x, y)$ 表示位场向下延拓的估计值。

依据积分迭代法的迭代原理,采用如下思路分析其收敛性。首先任意给定迭代初始值,不妨取

$$g_0(x, y) = f(x, y)$$

根据式(3.4),计算初始估计误差

$$\varepsilon_0(x, y) = f(x, y) - k(x, y) * g_0(x, y) \tag{3.5}$$

由初始值 $g_0(x, y)$ 和初始估计误差 $\varepsilon_0(x, y)$,计算第一次迭代后的估计值

$$g_1(x, y) = g_0(x, y) + s \cdot \varepsilon_0(x, y) \tag{3.6}$$

根据 $g_1(x, y)$,计算新的估计误差

$$\varepsilon_1(x, y) = f(x, y) - k(x, y) * g_1(x, y) \tag{3.7}$$

将式(3.5)和式(3.6)代入式(3.7),可得

$$\varepsilon_1(x, y) = f(x, y) - k(x, y) * [g_0(x, y) + s \cdot \varepsilon_0(x, y)]$$

$$= f(x, y) - k(x, y) * g_0(x, y) - s \cdot k(x, y) * \varepsilon_0(x, y) \tag{3.8}$$

$$= \varepsilon_0(x, y)s \cdot k(x, y) * \varepsilon_0(x, y)$$

根据第一次迭代估计值 $g_1(x, y)$ 和估计误差 $\varepsilon_1(x, y)$，计算第二次迭代估计值

$$g_2(x, y) = g_1(x, y) + s \cdot \varepsilon_1(x, y) \tag{3.9}$$

根据 $g_2(x, y)$，计算第二次迭代估计误差

$$\varepsilon_2(x, y) = f(x, y) - k(x, y) * g_2(x, y) \tag{3.10}$$

将式(3.7)和式(3.9)代入式(3.10)，可得

$$\begin{aligned}
\varepsilon_2(x, y) &= f(x, y) - k(x, y) * [g_1(x, y) + s \cdot \varepsilon_1(x, y)] \\
&= f(x, y) - k(x, y) * g_1(x, y) - s \cdot k(x, y) * \varepsilon_1(x, y) \\
&= \varepsilon_1(x, y) - s \cdot k(x, y) * \varepsilon_1(x, y)
\end{aligned} \tag{3.11}$$

现在采用数学归纳法证明：第 $n-1$ 次迭代估计误差和第 n 次迭代估计误差满足关系

$$\varepsilon_n(x, y) = \varepsilon_{n-1}(x, y) - s \cdot k(x, y) * \varepsilon_{n-1}(x, y) \tag{3.12}$$

证明： 由式(3.8)和式(3.11)可知，当 $n = 1, 2$ 时，式(3.12)成立。假设 $n = k$ 时，式(3.12)成立，即有

$$\varepsilon_k(x, y) = \varepsilon_{k-1}(x, y) - s \cdot k(x, y) * \varepsilon_{k-1}(x, y) \tag{3.13}$$

根据式(3.3)，当 $n = k + 1$ 时，第 $k + 1$ 次迭代估计值为

$$g_{k+1}(x, y) = g_k(x, y) + s \cdot \varepsilon_k(x, y) \tag{3.14}$$

根据 $g_{k+1}(x, y)$ 和式(3.4)，可得第 $k + 1$ 次迭代的估计误差

$$\begin{aligned}
\varepsilon_{k+1}(x, y) &= f(x, y) - k(x, y) * g_{k+1}(x, y) \\
&= f(x, y) - k(x, y) * [g_k(x, y) + s \cdot \varepsilon_k(x, y)] \\
&= f(x, y) - k(x, y) * g_k(x, y) - s \cdot k(x, y) * \varepsilon_k(x, y) \\
&= \varepsilon_k(x, y) - s \cdot k(x, y) * \varepsilon_k(x, y)
\end{aligned} \tag{3.15}$$

由式(3.15)可知，当 $n = k + 1$ 时，式(3.12)依然成立。根据归纳法原理可知，对于任意 $n \geq 1$，式(3.12)都成立。

利用关系式(3.12)，可以进一步推导得到第 n 次迭代估计值，表达式如下

$$\begin{aligned}
g_n(x, y) &= g_{n-1}(x, y) + s \cdot \varepsilon_{n-1}(x, y) \\
&= g_{n-2}(x, y) + s \cdot \varepsilon_{n-2}(x, y) + s \cdot \varepsilon_{n-1}(x, y) \\
&\vdots \\
&= g_0(x, y) + s \cdot \varepsilon_0(x, y) + \cdots + s \cdot \varepsilon_{n-2}(x, y) + s \cdot \varepsilon_{n-1}(x, y)
\end{aligned} \tag{3.16}$$

对式(3.16)两边同时进行傅里叶变换，可得

$$G_n(k_x, k_y) = G_0(k_x, k_y) + s \cdot E_0(k_x, k_y) + \cdots + s \cdot E_{n-2}(k_x, k_y) + s \cdot E_{n-1}(k_x, k_y)$$

$$(3.17)$$

对式(3.12)两边同时进行傅里叶变换,可得

$$E_n(k_x, k_y) = E_{n-1}(k_x, k_y) - s \cdot H_{up}(k_x, k_y) \cdot E_{n-1}(k_x, k_y) \quad (3.18)$$

式中,$E_{n-1}(k_x, k_y)$表示$\varepsilon_n(x, y)$的傅里叶变换。

由式(3.18)可得

$$\frac{E_n(k_x, k_y)}{E_{n-1}(k_x, k_y)} = 1 - s \cdot H_{up}(k_x, k_y) \quad (3.19)$$

定义函数级数$E(k_x, k_y)$为

$$E(k_x, k_y) = E_0(k_x, k_y) + \cdots + E_{n-2}(k_x, k_y) + E_{n-1}(k_x, k_y) + \cdots$$

由式(3.19)可知,$E(k_x, k_y)$为一等比级数,公比为$1 - s \cdot H_{up}(k_x, k_y)$。由于迭代步长一般取$0 < s < 1$,并且由式(2.21)可知,对于任意$k_x, k_y$,都有$0 < H_{up}(k_x, k_y) \leqslant 1$,所以可得

$$0 < 1 - s \cdot H_{up}(k_x, k_y) < 1$$

由高等代数可知,当$|x| < 1$时,等比级数$1 + x + x^2 + \cdots + x^n + \cdots$是收敛的。所以,对于任意$k_x, k_y$,级数$E(k_x, k_y)$都收敛。同时,根据等比级数求和公式,可得

$$E(k_x, k_y) = \frac{E_0(k_x, k_y)}{1 - [1 - s \cdot H_{up}(k_x, k_y)]} = \frac{E_0(k_x, k_y)}{s \cdot H_{up}(k_x, k_y)} \quad (3.20)$$

对式(3.5)两边进行傅里叶变换,可得

$$E_0(k_x, k_y) = F(k_x, k_y) - H_{up}(k_x, k_y) \cdot G_0(k_x, k_y) \quad (3.21)$$

结合式(3.20)、式(3.21)和式(3.17),当迭代次数趋于无穷大时,可得

$$\lim_{n \to \infty} G_n(k_x, k_y) = G_0(k_x, k_y) + s \cdot \frac{F(k_x, k_y) - H_{up}(k_x, k_y) \cdot G_0(k_x, k_y)}{s \cdot H_{up}(k_x, k_y)}$$

$$= \frac{F(k_x, k_y)}{H_{up}(k_x, k_y)} \quad (3.22)$$

式(3.22)表明,积分迭代法是收敛的。进一步对比式(3.22)和式(3.2)可知,积分迭代法收敛结果恰恰是频率域"理论解",即

$$G(k_x, k_y) = \frac{F(k_x, k_y)}{H_{up}(k_x, k_y)} = e^{\Delta z \sqrt{k_x^2 + k_y^2}} F(k_x, k_y) \quad (3.23)$$

对式(3.23)进行傅里叶反变换,可以得到空间域向下延拓理论解

$$g(x, y) = \frac{1}{4\pi} \int_{-\infty}^{\infty} \int_{-\infty}^{\infty} F(k_x, k_y) e^{\Delta z \sqrt{k_x^2 + k_y^2}} dk_x dk_y \qquad (3.24)$$

上述过程证明，当迭代次数趋于无穷大时，积分迭代法收敛到理论解，这个结论只具有理论意义。在解决实际问题时，积分迭代法是不收敛的。这主要是位场向下延拓问题的不适定性造成的。迭代法在解决不适定问题时，会出现"半收敛(semiconvergence phenomena)"现象[31]，即在迭代的初期，迭代解稳定逼近理论最优解，但随着迭代次数的增加，迭代解会远离理论最优解。迭代次数的选择成为利用迭代法求解不适定问题的核心内容。本书将在后述空间域迭代法中谈及迭代次数的选择问题。

3.1.2　频率域特性分析

由于积分迭代法迭代格式的特殊性，可以将该方法转换到频率域，观察其"滤波"特性。借助收敛性分析中间结果，可以推导出积分迭代法的等效频率域算子，这是进行频率域特性分析的关键一步。

实际中，积分迭代法的迭代次数是有限值，不妨设为 N。N 次迭代后的结果可以根据式(3.16)得到。结合式(3.17)、式(3.19)和式(3.21)，可以推导得到 N 次迭代后迭代解的频率域表达式为：

$$G_N(k_x, k_y) = \left\{ 1 + \frac{[1 - H_{\text{up}}(k_x, k_y)] \cdot \{1 - [1 - s \cdot H_{\text{up}}(k_x, k_y)]^N\}}{H_{\text{up}}(k_x, k_y)} \right\} F(k_x, k_y)$$

$$(3.25)$$

比照式(2.27)给出的向下延拓理论频率域算子 $H_{\text{down}}(k_x, k_y)$，由式(3.25)，定义积分迭代法等效频率域算子 $H_{\text{iidown}}(k_x, k_y)$ 为：

$$H_{\text{iidown}}(k_x, k_y) = 1 + \frac{[1 - H_{\text{up}}(k_x, k_y)] \cdot \{1 - [1 - s \cdot H_{\text{up}}(k_x, k_y)]^N\}}{H_{\text{up}}(k_x, k_y)}$$

$$(3.26)$$

由式(3.26)可知，当迭代次数 $N \to \infty$ 时，有

$$H_{\text{iidown}}(k_x, k_y) \to H_{\text{down}}(k_x, k_y)$$

即积分迭代法等效频率域算子一致收敛于向下延拓理论频率域算子。

当取 N 为有限值时，积分迭代法等效频率域算子 $H_{\text{iidown}}(k_x, k_y)$ 其实是对理论频率域算子 $H_{\text{down}}(k_x, k_y)$ 的一种逼近，如图 3.1 所示。图中的虚线显示的是理论频率域算子的滤波特性，实线显示的是积分迭代法等效频率域算子的滤波特

性。理论频率域算子是关于向下延拓深度 Δz 和频率 k_x、k_y 的指数函数，而积分迭代法等效频率域算子不仅与向下延拓深度 Δz 及频率 k_x、k_y 有关，还与迭代次数 N 和迭代步长 s 有关。对比过程中取相同的向下延拓深度。由图 3.1 可以清楚地看到，理论频率域算子的放大作用极其显著，而积分迭代法等效频率域算子在低频段与理论频率域算子吻合得很好，但在高频段与理论频率域算子有明显差别，等效频率域算子对高频段的放大作用不再是指数放大，放大倍数似乎趋于一个常值。事实上，等效频率域算子在高频段确实趋于常值。

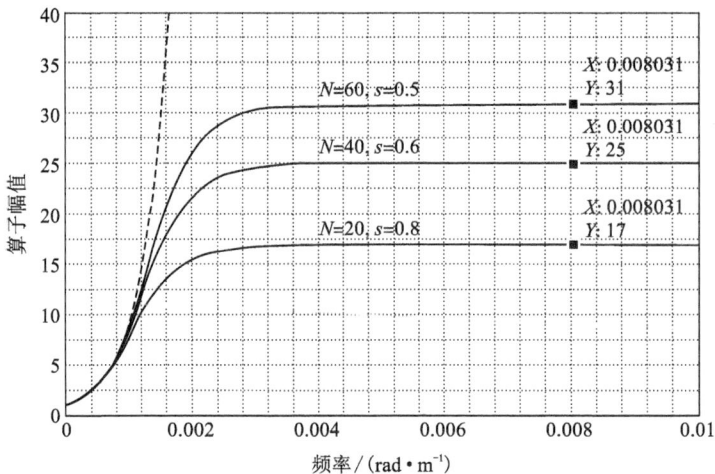

图 3.1　积分迭代法等效频率域算子与理论频率域算子滤波特性对比图

由图 3.1 可知，由于算子 $H_{\text{down}}(k_x, k_y)$ 是频率的指数函数，其幅值随频率增长得特别快。反过来，对于向上延拓频率域算子 $H_{\text{up}}(k_x, k_y)$ 来说，它的幅值随频率衰减得特别快。可以做这样合理的假设，即当频率 k_x 和 k_y 的取值使 $\sqrt{k_x^2 + k_y^2}$ 足够大时，有 $H_{\text{up}}(k_x, k_y) \to 0$。根据式（3.26），固定 N 和 s，将 H_{iidown} 视为随 H_{up} 变化的函数，对式（3.26）两边取极限，有：

$$\lim_{H_{\text{up}} \to 0} H_{\text{iidown}}(H_{\text{up}}) = \lim_{H_{\text{up}} \to 0}\left[1 + \frac{(1 - H_{\text{up}}) \cdot (1 - (1 - s \cdot H_{\text{up}})^N)}{H_{\text{up}}}\right] = 1 + s \cdot N$$

上述推导结论表明：积分迭代法等效频率域算子在高频段的放大作用趋于一个常值 $1 + s \cdot N$，图 3.1 中的数值实验结果证实了这一点，如图 3.1 所示，当 $N = 40$，$s = 0.6$ 时，算子高频放大倍数趋于 $1 + s \cdot N = 25$。

在数值实验过程中，发现一个有意思的现象：在迭代步长 s 与迭代次数 N 的乘积相同的情况下，等效频率域算子展现的滤波特性几乎是一样的，微小的差别在"中频段"。图 3.2(a)所示为 $N=60$、$s=0.5$ 和 $N=50$、$s=0.6$ 两种情况下的等效频率域算子滤波特性曲线，可以看出，两者吻合得很好，将两条曲线作差，其误差曲线如图 3.2(b)所示，由图中所示结果可以看出，两者主要在"中频段"有很小的差别。基于这个发现，在使用积分迭代法时，可以取迭代步长为定值，这样可以把主要精力放在迭代次数的确定上。

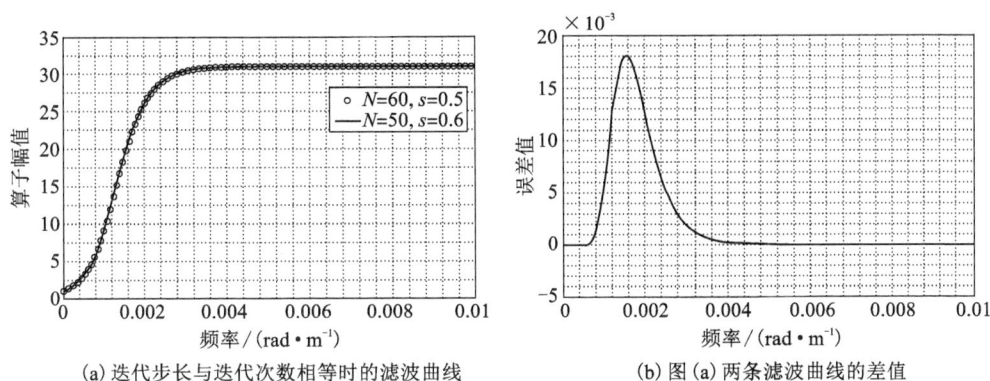

(a) 迭代步长与迭代次数相等时的滤波曲线　　　　(b) 图(a)两条滤波曲线的差值

图 3.2　积分迭代法在不同迭代次数和迭代步长下的滤波特性

3.2　任意采样点数二维 FFT 算法

1965 年 Cooley 和 Tukey[18]提出了新的便于计算机实现的 FFT 算法，极大提高了离散傅里叶变换的计算效率，这之后谱方法成为位场数据处理的主流方法。Cooley-Tukey FFT 算法被提出之后，许多学者又提出了新的实现 DFT 的高效算法，如文献[73-75]给出的算法等，这些算法统称为 FFT 算法。文献[76-78]对FFT 算法发展历史和算法特点进行了很好的总结。这些 FFT 算法中，有些 FFT算法对数据长度有要求，如满足 2^n，3^n，2^nK（n 和 K 为正整数）等，而有些 FFT 算法对数据长度没有要求，本书称这样的算法为任意采样点数 FFT 算法。从国内外出版的著作和发表的论文[13, 14, 47, 66, 79]来看，在地球物理领域，人们似乎习惯于使用基于 2^n 形式的 FFT 算法，而对任意采样点数 FFT 算法并没有足够重视。为了使用基于 2^n 形式的 FFT 算法，需要先将实测数据个数通过向外扩充方式或者内部插值方式（如图 3.3 所示）扩充为 2^n，这不仅给数据处理带来了麻烦，还可能在数据中引入未知的误差，影响后续数据处理。若使用任意采样点数 FFT 算法，可以省去数据扩充环节，消除数据扩充带来的影响。

　　使用任意采样点数的 FFT 算法，在频率域处理位场数据(如延拓、求导)时，需要解决一个关键问题：离散频率的计算问题。大多数文献中只给出了采样点数是偶数时，离散频率的计算公式。本节将对离散傅里叶变换进行理论分析，给出任意采样点数时离散频率的计算公式。基于任意采样点数 FFT 算法的频率域向上延拓算法被称为 GFT 算法，其是传统 FT 算法的一般化。

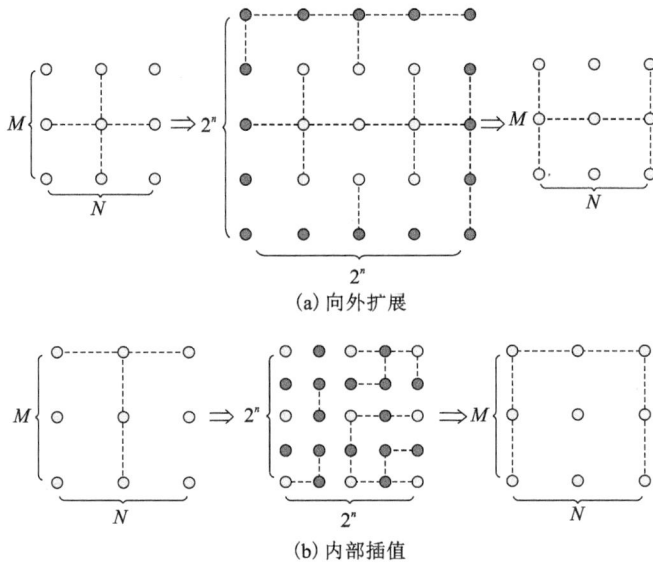

(a) 向外扩展

(b) 内部插值

图 3.3　延拓前后数据维数变化示意图

3.2.1　离散频率计算

　　在不引起混淆的情况下，用 FT 表示傅里叶变换，用 IFT 表示傅里叶反变换，它们都是对连续函数实施的变换。从理论上讲，频率域位场向上延拓的实现过程如图 3.4 所示。

$$g(x,y) \xrightarrow{\text{FT}} G(k_x,k_y) \xrightarrow{\times e^{-\Delta z\sqrt{k_x^2+k_y^2}}} F(k_x,k_y) \xrightarrow{\text{IFT}} f(x,y)$$

图 3.4　频率域位场向上延拓理论流程示意图

FT 和 IFT 有多种数学表示形式，在地球物理领域，通常采用的数学形式为[13]:

$$F(k_x, k_y) = \int_{-\infty}^{\infty} \int_{-\infty}^{\infty} f(x, y) e^{-i(k_x x + k_y y)} dx dy \qquad (3.27)$$

$$f(x, y) = \frac{1}{4\pi^2} \int_{-\infty}^{\infty} \int_{-\infty}^{\infty} F(k_x, k_y) e^{i(k_x x + k_y y)} dk_x dk_y \qquad (3.28)$$

一般将式(3.27)作为傅里叶变换式，而将式(3.28)作为傅里叶反变换式，它们构成严格数学意义上的正反变换对。根据式(3.27)和式(3.28)，对图3.4所示频率域向上延拓过程，用数学语言可表示为:

$$G(k_x, k_y) = \int_{-\infty}^{\infty} \int_{-\infty}^{\infty} g(x, y) e^{-i(k_x x + k_y y)} dx dy \qquad (3.29)$$

$$F(k_x, k_y) = G(k_x, k_y) e^{-\Delta z \sqrt{k_x^2 + k_y^2}} \qquad (3.30)$$

$$f(x, y) = \frac{1}{4\pi^2} \int_{-\infty}^{\infty} \int_{-\infty}^{\infty} F(k_x, k_y) e^{i(k_x x + k_y y)} dk_x dk_y \qquad (3.31)$$

在实际问题中，需要处理的是位场 $g(x, y)$ 在有限区域的离散值 $g(x_m, y_n)$，显然，对离散数据 $g(x_m, y_n)$ 进行延拓时，式(3.29)~式(3.31)给出的公式将不再适用，需要将它们处理成某种离散形式。这里用离散傅里叶变换(DFT)和反变换(IDFT)分别代替其中的傅里叶变换(FT)和反变换(IFT)，将图3.4所示频率域延拓过程转换为图3.5所示延拓过程。图3.5中，k_{xp} 和 k_{yq} 分别为连续频率 k_x 和 k_y 的某些离散值，如何取这些离散值呢? 为回答这个关键问题，先考察一下纯数学意义上的离散傅里叶变换和反变换，它们一般表示为如下形式:

$$F(p, q) = \sum_{m=0}^{M-1} \sum_{n=0}^{N-1} f(m, n) e^{-i2\pi(\frac{mp}{M} + \frac{nq}{N})} \qquad (3.32)$$

$$f(m, n) = \frac{1}{MN} \sum_{p=0}^{M-1} \sum_{q=0}^{N-1} F(p, q) e^{i2\pi(\frac{mp}{M} + \frac{nq}{N})} \qquad (3.33)$$

$$g(x_m, y_n) \xrightarrow{\text{DFT}} G(k_{xp}, k_{yq}) \xrightarrow[]{\times e^{-\Delta z \sqrt{k_{xp}^2 + k_{yq}^2}}} F(k_{xp}, k_{yq}) \xrightarrow{\text{IDFT}} f(x_m, y_n)$$

图3.5　频率域位场向上延拓实际流程示意图

一般将式(3.32)作为离散傅里叶变换式，而将式(3.33)作为离散傅里叶反变换式。式(3.32)和式(3.33)构成严格数学意义上的正反变换对，在此作一简单证明。将式(3.32)代入式(3.33)右侧，可以得到:

$$\frac{1}{MN}\sum_{p=0}^{M-1}\sum_{q=0}^{N-1}\left[\sum_{u=0}^{M-1}\sum_{v=0}^{N-1}f(u,v)\,\mathrm{e}^{-\mathrm{i}2\pi(\frac{pu}{M}+\frac{qv}{N})}\right]\mathrm{e}^{\mathrm{i}2\pi(\frac{pm}{M}+\frac{qn}{N})}$$

$$=\frac{1}{MN}\sum_{u=0}^{M-1}\sum_{v=0}^{N-1}\left[\sum_{p=0}^{M-1}\sum_{q=0}^{N-1}\mathrm{e}^{-\mathrm{i}2\pi(\frac{p(u-m)}{M}+\frac{q(v-n)}{N})}\right]f(u,v)$$

$$=\frac{1}{MN}\sum_{u=0}^{M-1}\sum_{v=0}^{N-1}\left[\sum_{p=0}^{M-1}\mathrm{e}^{-\mathrm{i}2\pi(\frac{p(u-m)}{M})}\sum_{q=0}^{N-1}\mathrm{e}^{-\mathrm{i}2\pi(\frac{q(v-n)}{N})}\right]f(u,v)$$

$$=f(m,n)$$

上述推导过程最后一步，用到如下两个等式关系：

$$\sum_{p=0}^{M-1}\mathrm{e}^{-\mathrm{i}2\pi(\frac{p(u-m)}{M})}=\begin{cases}M,&u=m\\0,&u\neq m\end{cases}$$

$$\sum_{q=0}^{N-1}\mathrm{e}^{-\mathrm{i}2\pi(\frac{q(v-n)}{N})}=\begin{cases}N,&v=n\\0,&v\neq n\end{cases}$$

通过上述推导，证明式(3.32)和式(3.33)确实构成严格数学意义上的正反变换对。

深入分析可知，式(3.32)和式(3.33)不能直接用于图3.5所示频率域位场延拓过程，两式只是纯数学意义上的正反变换，将一个二维数据从一个域(不妨称为 $m\text{-}n$ 域)变换到另一个域(不妨称为 $p\text{-}q$ 域)，其中的变量 pq 并不具有"频率"含义，即它们不具有物理意义，不能将它们作为图3.5中给出的离散频率 k_{xp} 和 k_{yq} 的取值。

分析图3.4和图3.5给出的频率域延拓过程，可以很清楚地看到，希望得到的离散傅里叶正反变换，应该是作为傅里叶正反变换的一种数值逼近。基于这种观点，下面来推导离散傅里叶变换对。思路是利用数值求积方法，对式(3.27)和式(3.28)离散化。

大多数延拓算法都是针对规则网格数据研发的，其网格数据分布如图3.6所示。

在位场向上延拓问题中，用 $g(x_m,y_n)$ 表示网格化观测数据，设 x 方向和 y 方向的观测间距分别为 Δx 和 Δy，测量点数分别为 M 和 N，设图3.6左侧最下方的点的坐标为 (x_0,y_0)，则数据的离散坐标 (x_m,y_n) 可表示为：

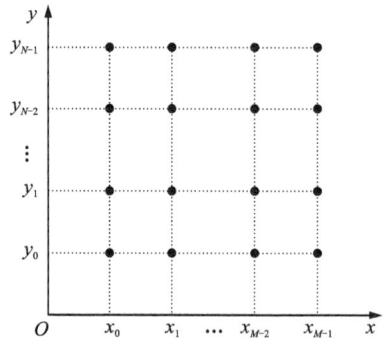

图3.6 规则网格数据分布示意图

$$x_m = x_0 + m\Delta x, \, m = 0, 1, \cdots, M-1; \, y_n = y_0 + n\Delta y, \, n = 0, 1, \cdots, N-1$$

$$(3.34)$$

在后续推导过程中，空间位置离散坐标 (x_m, y_n) 的取值是一样的，都由式 (3.34) 给出。现在开始推导离散傅里叶正变换。根据 (x_m, y_n)，采用数值求积方法先对式 (3.27) 右侧离散化，可得：

$$
\begin{aligned}
F(k_x, k_y) &\approx \sum_{m=0}^{M-1} \sum_{n=0}^{N-1} f(x_m, y_n) e^{-i(k_x x_m + k_y y_n)} \Delta x \Delta y \\
&= \sum_{m=0}^{M-1} \sum_{n=0}^{N-1} f(x_0 + m\Delta x, y_0 + n\Delta y) e^{-i[k_x(x_0+m\Delta x)x_m + k_y(y_0+n\Delta y)]} \Delta x \Delta y \quad (3.35) \\
&= \sum_{m=0}^{M-1} \sum_{n=0}^{N-1} f(x_0 + m\Delta x, y_0 + n\Delta y) e^{-i(k_x x_0 + k_y y_0)} e^{-i(k_x m\Delta x + k_y n\Delta y)} \Delta x \Delta y
\end{aligned}
$$

式 (3.35) 给出的结果不是真正意义上适合数值计算的离散傅里叶变换，还需要进一步对式 (3.35) 中的频率变量离散化。一般情况下，选取有限个特定的频率值来对式 (3.35) 进一步离散化。选取离散频率的主要依据是采样定理。设在 x 方向和 y 方向的观测长度为 (注意 L_x 和 L_y 与实际测线长度是有区别的)：

$$L_x = M \cdot \Delta x, \, L_y = N \cdot \Delta y \qquad (3.36)$$

根据采样定理，在 x 方向和 y 方向能分辨出的信号中的最大频率为：

$$k_{x_{\max}} = \frac{\pi}{\Delta x}, \, k_{y_{\max}} = \frac{\pi}{\Delta y}$$

选取的离散频率 k_{xp} 和 k_{yq}，需要满足

$$|k_{xp}| \leqslant k_{x_{\max}}, \, |k_{yq}| \leqslant k_{y_{\max}}$$

在满足上述约束的条件下，离散频率的可取值是任意的。正如文献 [66] 指出的，带有约定俗成的因素，人们习惯上选取如下离散频率值：

$$
\begin{cases}
k_{xp} = p \cdot \Delta k_x, \, p = -\dfrac{M}{2}, \, -\dfrac{M}{2}+1, \, \cdots, \, -1, 0, 1, \cdots, \dfrac{M}{2}-1 \\
k_{yq} = q \cdot \Delta k_y, \, q = -\dfrac{N}{2}, \, -\dfrac{N}{2}+1, \, \cdots, \, -1, 0, 1, \cdots, \dfrac{N}{2}-1
\end{cases} \qquad (3.37)
$$

式中，Δk_x 和 Δk_y 称为基频，其含义类似于周期函数傅里叶级数展开式中的基频，定义为：

$$\Delta k_x = \frac{2\pi}{L_x}, \, \Delta k_y = \frac{2\pi}{L_y} \qquad (3.38)$$

结合式 (3.36) 和式 (3.38)，可以得到如下关系式：

$$\Delta x \Delta k_x = \frac{2\pi}{M}, \quad \Delta y \Delta k_y = \frac{2\pi}{N} \tag{3.39}$$

显然，式(3.37)给出的离散频率值与前面提到的纯数学意义上的傅里叶变换中"频率"变量的取值是不同的。离散频率取值不正确，会导致频率域延拓算子$e^{-\Delta z \sqrt{k_x^2 + k_y^2}}$的离散值计算不正确，最终导致延拓结果不正确。

将式(3.37)给出的离散频率值代入式(3.35)，可得：

$$F(p\Delta k_x, q\Delta k_y) \approx \sum_{m=0}^{M-1} \sum_{n=0}^{N-1} f(x_0 + m\Delta x, y_0 + n\Delta y) e^{-i(p\Delta k_x \cdot x_0 + q\Delta k_y \cdot y_0)} e^{-i(pm\Delta k_x \Delta x + qn\Delta k_y \Delta y)} \Delta x \Delta y$$

$$= \sum_{m=0}^{M-1} \sum_{n=0}^{N-1} f(x_0 + m\Delta x, y_0 + n\Delta y) e^{-i(p\Delta k_x \cdot x_0 + q\Delta k_y \cdot y_0)} e^{-i2\pi\left(\frac{pm}{M} + \frac{qn}{N}\right)} \Delta x \Delta y \tag{3.40}$$

上述推导过程中利用了关系式(3.39)。式(3.40)便是"作为傅里叶变换的数值逼近"意义下的一种离散傅里叶变换，显然，它与式(3.32)给出的纯数学意义上的离散傅里叶变换，既有联系又有区别。根据相同的推导思路，从傅里叶反变换式(3.28)入手，可推导得到"作为傅里叶反变换数值逼近"意义下的离散傅里叶反变换为：

$$f(x_m, y_n) \approx \frac{1}{4\pi^2} \sum_{p=-M/2}^{M/2-1} \sum_{q=-N/2}^{N/2-1} F(p\Delta k_x, q\Delta k_y) e^{i(p\Delta k_x x_0 + q\Delta k_y y_0)} e^{i2\pi\left(\frac{pm}{M} + \frac{qn}{N}\right)} \Delta k_x \Delta k_y \tag{3.41}$$

上面从数值逼近的角度出发，推导得到了离散傅里叶变换式(3.40)和离散傅里叶反变换式(3.41)。如果将式(3.40)和式(3.41)中的不等关系改为等式关系，即

$$F(p\Delta k_x, q\Delta k_y) = \sum_{m=0}^{M-1} \sum_{n=0}^{N-1} f(x_m, y_n) e^{-i(p\Delta k_x x_0 + q\Delta k_y y_0)} e^{-i2\pi\left(\frac{pm}{M} + \frac{qn}{N}\right)} \Delta x \Delta y \tag{3.42}$$

$$f(x_m, y_n) = \frac{1}{4\pi^2} \sum_{p=-M/2}^{M/2-1} \sum_{q=-N/2}^{N/2-1} F(p\Delta k_x, q\Delta k_y) e^{i(p\Delta k_x x_0 + q\Delta k_y y_0)} e^{i2\pi\left(\frac{pm}{M} + \frac{qn}{N}\right)} \Delta k_x \Delta k_y \tag{3.43}$$

可以证明，式(3.42)和式(3.43)构成了严格数学意义上的正反变换对。证明方法与前文证明式(3.32)和式(3.33)为严格数学意义上的正变换对时采用的方法一样，在此省略。

离散频率在选取时，一般都取为基频的整数倍。由离散频率的计算公式(3.37)可知，为使得离散频率为基频的整数倍，观测点数 M 和 N 的值必须为偶数。笔者调研的文献，如[14，66]，在给出离散傅里叶变换时，都假定 M 和 N 是偶数，没有谈及 M 和 N 是奇数的情况下离散傅里叶正反变换是怎样的。借鉴上

述推导过程，在 M 和 N 是奇数的情况下，可以选取如下离散频率：

$$\begin{cases} k_{xp} = p \cdot \Delta k_x, \quad p = -\dfrac{M-1}{2}, \ -\dfrac{M-1}{2}+1, \ \cdots, \ -1, \ 0, \ 1, \ \cdots, \ \dfrac{M-1}{2} \\[3mm] k_{yq} = q \cdot \Delta k_y, \quad q = -\dfrac{N-1}{2}, \ -\dfrac{N-1}{2}+1, \ \cdots, \ -1, \ 0, \ 1, \ \cdots, \ \dfrac{N-1}{2} \end{cases}$$

$$(3.44)$$

首先说明由式(3.44)给出的离散频率是合理的。显然，它们都是基频的整数倍，最重要的，它们都满足采样定理给出的最大分辨频率约束，简单推导如下：

$$\begin{cases} \dfrac{M-1}{2} \cdot \dfrac{2\pi}{M \cdot \Delta x} = \dfrac{M-1}{M} \cdot \dfrac{\pi}{\Delta x} < \dfrac{\pi}{\Delta x} \\[3mm] \dfrac{N-1}{2} \cdot \dfrac{2\pi}{N \cdot \Delta y} = \dfrac{N-1}{N} \cdot \dfrac{\pi}{\Delta y} < \dfrac{\pi}{\Delta y} \end{cases}$$

根据式(3.44)给出的离散频率，对应的离散傅里叶正反变换的表达式为：

$$F(p\Delta k_x, \ q\Delta k_y) = \sum_{m=0}^{M-1} \sum_{n=0}^{N-1} f(x_m, \ y_n) \, \mathrm{e}^{-\mathrm{i}(p\Delta k_x x_0 + q\Delta k_y y_0)} \, \mathrm{e}^{-\mathrm{i}2\pi(\frac{pm}{M}+\frac{qn}{N})} \Delta x \Delta y \quad (3.45)$$

$$f(x_m, \ y_n) = \frac{1}{4\pi^2} \sum_{p=-(M-1)}^{(M-1)} \sum_{q=-(N-1)}^{(N-1)} F(p\Delta k_x, \ q\Delta k_y) \, \mathrm{e}^{\mathrm{i}(p\Delta k_x x_0 + q\Delta k_y y_0)} \, \mathrm{e}^{\mathrm{i}2\pi(\frac{pm}{M}+\frac{qn}{N})} \Delta k_x \Delta k_y$$

$$(3.46)$$

可以证明式(3.45)和式(3.46)构成严格数学意义上的正反变换对。这样就从理论上解决了 M 和 N 是奇数情况下的离散傅里叶正反变换问题。同样，如果 M 和 N 一个为奇数一个为偶数，譬如 M 为奇数，N 为偶数，这种情况下，离散频率计算式为：

$$\begin{cases} k_{xp} = p \cdot \Delta k_x, \quad p = -\dfrac{M-1}{2}, \ -\dfrac{M-1}{2}+1, \ \cdots, \ -1, \ 0, \ 1, \ \cdots, \ \dfrac{M-1}{2} \\[3mm] k_{yq} = q \cdot \Delta k_y, \quad q = -\dfrac{N}{2}, \ -\dfrac{N}{2}+1, \ \cdots, \ -1, \ 0, \ 1, \ \cdots, \ \dfrac{N}{2}-1 \end{cases}$$

$$(3.47)$$

对应式(3.44)给出的离散频率，此时离散傅里叶变换的表达式为：

$$F(p\Delta k_x, \ q\Delta k_y) = \sum_{m=0}^{M-1} \sum_{n=0}^{N-1} f(x_m, \ y_n) \, \mathrm{e}^{-\mathrm{i}(p\Delta k_x x_0 + q\Delta k_y y_0)} \, \mathrm{e}^{-\mathrm{i}2\pi(\frac{pm}{M}+\frac{qn}{N})} \Delta x \Delta y \quad (3.48)$$

$$f(x_m, \ y_n) = \frac{1}{4\pi^2} \sum_{p=-(M-1)}^{(M-1)} \sum_{q=-N/2}^{N/2-1} F(p\Delta k_x, \ q\Delta k_y) \, \mathrm{e}^{\mathrm{i}(p\Delta k_x x_0 + q\Delta k_y y_0)} \, \mathrm{e}^{\mathrm{i}2\pi(\frac{pm}{M}+\frac{qn}{N})} \Delta k_x \Delta k_y$$

$$(3.49)$$

同样可以证明式(3.48)和式(3.49)构成严格数学意义上的正反变换对。综上所述，可以得到这样的结论：对任意奇偶性的 M 和 N，都有与之对应的离散傅里叶正反变换。

有了上述推导和分析为基础，可以很容易用数学语言来表述图 3.5 给出的频率域位场延拓数值实现过程。观测数据记为 $g(x_m, y_n)$，向上延拓结果记为 $\tilde{f}(x_m, y_n)$，假设 M 和 N 为偶数。

第一步，对观测数据 $g(x_m, y_n)$ 进行离散傅里叶变换，根据式(3.42)，可得：

$$\widetilde{G}(p\Delta k_x, q\Delta k_y) = \sum_{m=0}^{M-1}\sum_{n=0}^{N-1} g(x_m, y_n)e^{-i(p\Delta k_x x_0 + q\Delta k_y y_0)}e^{-i2\pi(\frac{pm}{M}+\frac{qn}{N})}\Delta x\Delta y \quad (3.50)$$

第二步，将 $\widetilde{G}(p\Delta k_x, q\Delta k_y)$ 乘以离散频率域延拓算子 $e^{-\Delta z\sqrt{(p\Delta k_x)^2+(q\Delta k_y)^2}}$，可得：

$$\widetilde{F}(p\Delta k_x, q\Delta k_y) = \widetilde{G}(p\Delta k_x, q\Delta k_y)e^{-\Delta z\sqrt{(p\Delta k_x)^2+(q\Delta k_y)^2}} \quad (3.51)$$

第三步，对 $\widetilde{F}(p\Delta k_x, q\Delta k_y)$ 进行离散傅里叶反变换，根据式(3.43)，可得：

$$\tilde{f}(x_m, y_n) = \frac{1}{4\pi^2}\sum_{p=-M/2}^{M/2-1}\sum_{q=-N/2}^{N/2-1}\widetilde{F}(p\Delta k_x, q\Delta k_y)e^{i(p\Delta k_x x_0+q\Delta k_y y_0)}e^{i2\pi(\frac{pm}{M}+\frac{qn}{N})}\Delta k_x\Delta k_y$$

$$(3.52)$$

上述式(3.50)~式(3.52)便是频率域位场延拓数值计算的理论基础，它们清楚展示了在频率域如何由观测数据 $g(x_m, y_n)$ 向上延拓得到 $\tilde{f}(x_m, y_n)$。根据 M 和 N 的奇偶性，选择合适的离散傅里叶正反变换公式，代替式(3.50)和式(3.52)，就实现了任意采样点数位场数据的向上延拓。

如果将式(3.50)和式(3.51)代入式(3.52)，可以得到频率域向上延拓的解析计算公式，即：

$$\tilde{f}(x_m, y_n) = \frac{1}{4\pi^2}\sum_{p=-M/2}^{M/2-1}\sum_{q=-N/2}^{N/2-1}\left\{\left[\sum_{r=0}^{M-1}\sum_{s=0}^{N-1}g(\xi_r, \eta_s)e^{-i(p\Delta k_x x_0+q\Delta k_y y_0)}e^{-i2\pi(\frac{pr}{M}+\frac{qs}{N})}\Delta x\Delta y\right]\cdot\right.$$

$$\left. e^{i(p\Delta k_x x_0+q\Delta k_y y_0)}e^{i2\pi(\frac{pm}{M}+\frac{qn}{N})}e^{-\Delta z\sqrt{(p\Delta k_x)^2+(q\Delta k_y)^2}}\Delta k_x\Delta k_y\right\}$$

$$= \sum_{r=0}^{M-1}\sum_{s=0}^{N-1}g(\xi_r, \eta_s)\left[\frac{1}{4\pi^2}\sum_{p=-M/2}^{M/2-1}\sum_{q=-N/2}^{N/2-1}e^{-\Delta z\sqrt{(p\Delta k_x)^2+(q\Delta k_y)^2}}e^{i2\pi\left[\frac{p(m-r)}{M}+\frac{q(n-s)}{N}\right]}\Delta k_x\Delta k_y\right]\Delta x\Delta y$$

$$(3.53)$$

频率域向上延拓 GFT 算法实际上就是借助 FFT 算法,对式(3.53)进行数值计算,并保证效率。

本小节从理论上解决了使用任意采样点数的 FFT 算法时的离散频率计算问题。下面采用数值实验,对 GFT 算法进行检验,进一步说明本小节给出的离散频率计算公式是正确的。

3.2.2 GFT 算法性能分析

采用附录 A 中提供的模型数据和实测磁异常数据,对 GFT 算法性能进行检验。为了验证上节给出的任意采样点数 FFT 算法的离散频率计算公式的正确性,在设计模型数据时,采样点数取为奇数。

3.2.2.1 球体组合模型

球体组合模型的介绍及模型参数见附录 A。选取的观测区域范围为:X 方向 $-11160 \sim 11160$,Y 方向 $-11160 \sim 11160$;采样点距:$\Delta x = 20$ m,$\Delta y = 20$ m。观测数据维数为 1117×1117,很容易判断 1117 是素数。如果按照传统 FT 算法要求,延拓前将数据处理成 2^n 形式,因为与 1117 相邻的两个数为 $1024 = 2^{10}$ 和 $2048 = 2^{11}$,通常采用的方式是将维数变大,那么显然需要将数据维数由 1117×1117 扩充为 2048×2048,两个方向数据维数要扩大将近一倍,显然,这样做不但增加数据预处理负担,还可能引入不可预知的误差,对延拓结果产生影响。利用 GFT 算法,可以直接对原始数据进行延拓。

利用球体组合模型生成 $z = 0$ m 和 $z = -400$ m 两个高度平面理论磁异常数据,对应的磁异常等值线图分别如图 3.7(a)和图 3.7(b)所示。表 3.1 给出了两个高度平面数据的统计值。采用 GFT 算法,将 $z = 0$ m 高度面数据向上延拓至 $z = -400$ m 高度面,相当于向上延拓 20 倍资料点距。程序在计算机上运行时间约为 2 s,可见 GFT 算法快速性好。延拓结果如图 3.7(c)所示。对比图 3.7(b)和图 3.7(c),两者在形态上是一致的。将延拓结果与理论值作差,误差的统计值见表 3.2,由误差统计值可以看出,GFT 算法向上延拓结果具有很高的精度。

表 3.1 $z = 0$ m 和 $z = -400$ m 两个高度平面磁异常数据统计值

平面高度	最大值/nT	最小值/nT	均方根/nT
$z = 0$ m	1045.28	-272.73	73.07
$z = -400$ m	516.10	-158.36	48.49

表 3.2　观测数据无噪声和有噪声情况下 GFT 算法向上延拓结果误差统计值

噪声情况	最大值/nT	最小值/nT	均方根/nT
无噪声情况	2.23	−2.60	0.33
有噪声情况	2.33	−2.67	0.34

　　为检验 GFT 算法的稳定性，在观测数据中加入 20 dB 的高斯白噪声，用 GFT 算法对加入的噪声数据向上延拓，程序在计算机上运行时间约为 2 s，延拓结果如图 3.7(d)所示。对比图 3.7(b)和图 3.7(d)，两者在形态上是一致的，将延拓结果与理论值作差，误差的统计值见表 3.2，由误差统计值可以看出，在观测数据含有噪声的情况下，GFT 算法是稳定的，并且，由表 3.2 给出的两组误差数据进行对比可以看出，含有噪声的情况下 GFT 算法向上延拓结果仍具有很高的精度。

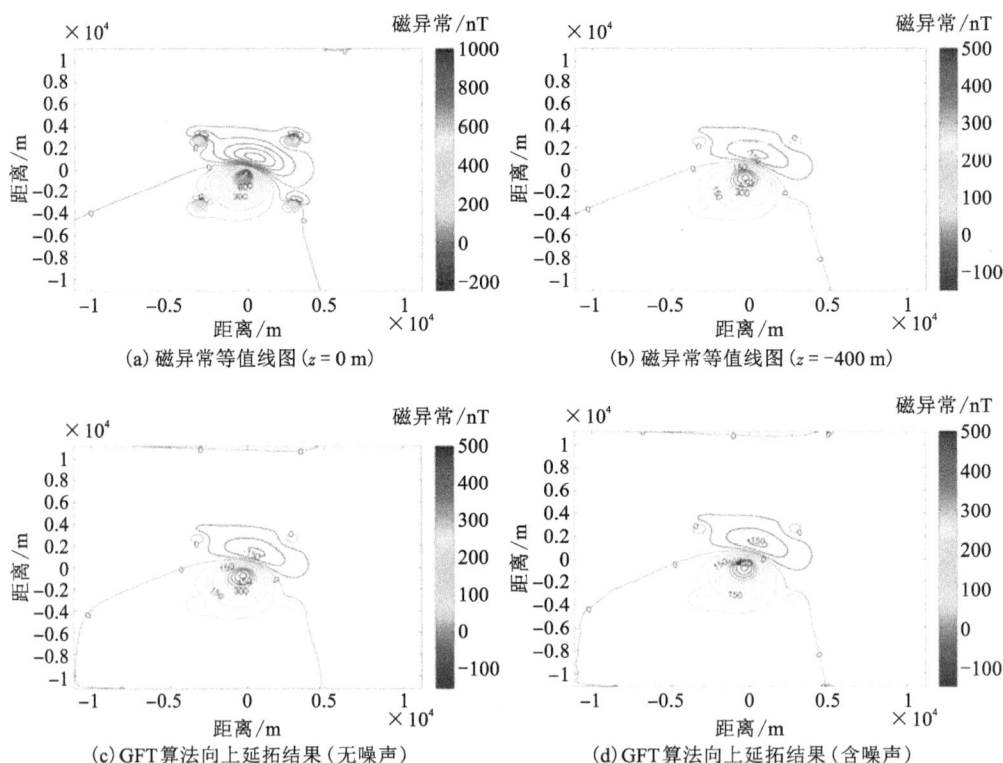

(a)磁异常等值线图(z = 0 m)　　　　(b)磁异常等值线图(z = −400 m)

(c)GFT算法向上延拓结果(无噪声)　　(d)GFT算法向上延拓结果(含噪声)

图 3.7　GFT 算法向上延拓(球体组合模型检验)

(扫目录页二维码查看彩图)

3.2.2.2　实测数据检验

利用具有对应两个高度平面的实测磁异常数据对 GFT 算法进行检验。两组数据的观测点数为 501×441，其他信息见附录 A。为清楚对比，这里再次给出 $z = 0$ m 和 $z = -195$ m 两个高度面的磁异常，分别如图 3.8(a) 和图 3.8(b) 所示。

利用 GFT 算法，将 $z = 0$ m 高度数据向上延拓至 $z = -195$ m，结果如图 3.8(c) 所示，与图 3.8(b) 给出的实测结果对比，可以看出，两者在形态上与实测结果基本上是一致的。将两者作差，误差的统计值见表 3.3。将误差统计值与表 A.2(见附录 A)给出的观测数据统计值相比，可以看出，GFT 算法向上延拓结果精度高。

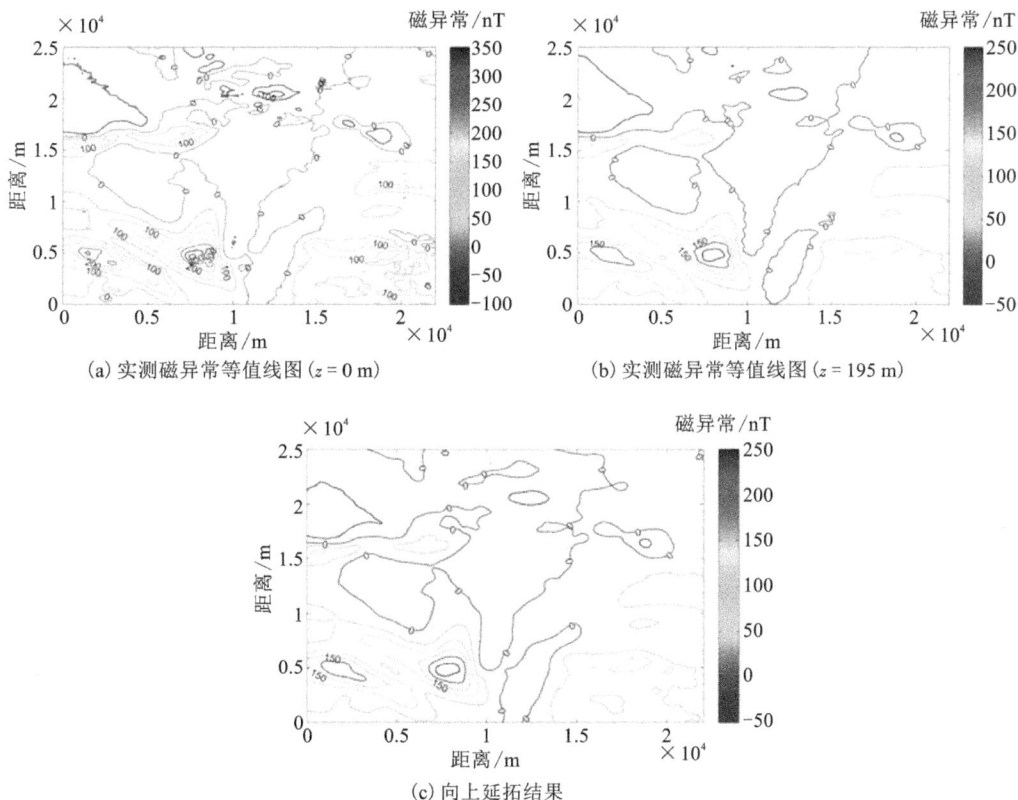

(a) 实测磁异常等值线图 ($z = 0$ m)

(b) 实测磁异常等值线图 ($z = 195$ m)

(c) 向上延拓结果

图 3.8　GFT 算法向上延拓(实测磁异常数据检验)

(扫目录页二维码查看彩图)

表 3.3　GFT 算法向上延拓结果误差统计值（实测数据检验）

最大值/nT	最小值/nT	均方根/nT
36.10	−57.32	5.43

上述数值实验检验结果表明，GFT 算法快速、稳定，且具有较高的向上延拓结果精度。

3.3　频率域向下延拓 Tikhonov-Lcurve 算法

目前有多种原理方法来指导正则化参数的确定。正则化参数与观测数据的噪声水平有关，根据是否需要观测数据的噪声水平这个先验信息，正则化参数确定方法大致分为两类：一类需要事先知道噪声水平，该类方法包括偏差原理、广义偏差原理、Arcangeli 准则等；另一类不需要事先知道噪声水平，该类方法包括拟最优准则、广义交叉检验准则、L-曲线准则[80-84]等。上述原理在文献[31]中有较详细介绍。但是，至今未见到有文献将它们应用于位场向下延拓正则化方法中，究其原因，是缺少快速数值计算算法来实现上述正则化参数选取方法。本节主要工作是引入 L 曲线法来确定正则化参数，给出了相应的正则化参数确定的快速算法。这里给出的向下延拓算法主体是 Tikhonov 正则化方法和 L 曲线法，故称之为 Tikhonov-Lcurve 算法。

3.3.1　Tikhonov-Lcurve 算法原理

Tikhonov-Lcurve 算法主要由 Tikhonov 正则化方法和 L 曲线法两部分构成。先考察 Tikhonov 正则化方法。根据平面位场延拓边界积分方程[式(3.1)]，可以构造如下 Tikhonov 优化泛函：

$$J[g] = \|k(x, y) * g(x, y) - f(x, y)\|_{L_2}^2 + \alpha \|g(x, y)\|_{L_2}^2 \qquad (3.54)$$

优化泛函 $J[g]$，使得 $J[g]$ 达到最小的解 $g(x, y)$ 便是正则解，其中参数 α 是正则化参数，它是一个大于零的常数，正则解 $g(x, y)$ 同参数 α 有关，所以记正则解为 $g_\alpha(x, y)$。对于泛函 $J[g]$，可以采用变分法，结合 Parseval 等式，推导得到正则解 $g_\alpha(x, y)$ 在频率域的解析表达式 $G_\alpha(k_x, k_y)$。附录 C 给出了详细的推导过程，$G_\alpha(k_x, k_y)$ 解析表达式如下：

$$G_\alpha(k_x, k_y) = \frac{e^{-\Delta z\sqrt{k_x^2+k_y^2}}}{\alpha + e^{-2\Delta z\sqrt{k_x^2+k_y^2}}} F(k_x, k_y) \qquad (3.55)$$

记频率域算子 $H_{\text{Tikhonov}}(k_x, k_y)$ 为：

$$H_{\text{Tikhonov}}(k_x, k_y) = \frac{e^{-\Delta z\sqrt{k_x^2+k_y^2}}}{\alpha + e^{-2\Delta z\sqrt{k_x^2+k_y^2}}} \qquad (3.56)$$

称 $H_{\text{Tikhonov}}(k_x, k_y)$ 为 Tikhonov 频率域延拓算子。很明显，

$$\alpha \to 0, \quad H_{\text{Tikhonov}}(k_x, k_y) \to H_{\text{down}}(k_x, k_y)$$

图 3.9 为 Tikhonov 频率域延拓算子与理论频率域算子滤波特性对比图，从图中可以很清楚地看到，Tikhonov 频率域延拓算子相当于一个低通滤波器，它的滤波特性曲线形状是由正则化参数 α 决定的。

将图 3.9 与图 3.1 所示的积分迭代法等效频率域算子滤波特性进行比对，可以看到，Tikhonov 频率域延拓算子与积分迭代法等效频率域算子表现出不同的滤波特性：在低频段，它们都很好地逼近了理论频率域延拓算子；在高频段，二者有明显区别，显然，Tikhonov 频率域延拓算子对高频成分的抑制作用更明显。两种延拓方法的延拓结果精度都与原始观测数据频谱特性和数据中噪声的频谱特性有关。调节迭代次数和正则化参数可以分别改变两种方法的频率域滤波特性，所以迭代次数和正则化参数的选取对延拓结果精度影响很大。

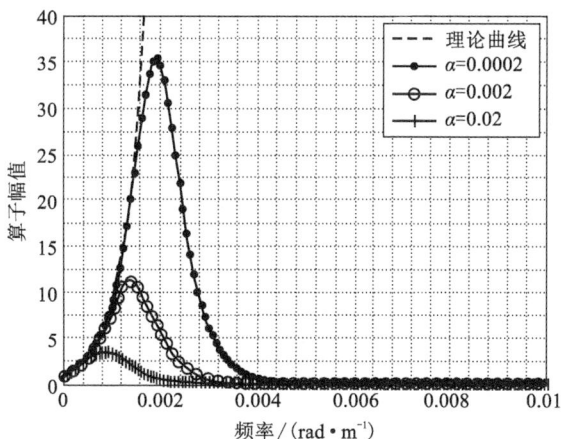

图 3.9　Tikhonov 频率域延拓算子与理论频率域算子滤波特性对比图

选用 L 曲线法来确定 Tikhonov 正则化方法中的参数 α。L 曲线法是一种体现"折中"思想的方法。使用 L 曲线法，需要先得到一条"L"形曲线。L 曲线是以 α 作为曲线参数的二维曲线，曲线上的点为：

$$(\lg \| Kg_\alpha - f \|_2 , \lg \| g_\alpha \|_2)$$

式中，K 表示向上延拓积分算子。

$\| Kg_\alpha - f \|_2$ 用来衡量拟合误差大小，$\| g_\alpha \|_2$ 用来衡量正则解大小。L 曲线法的基本思想就是在拟合误差与正则解之间取折中。确定最佳折中点位置是 L 曲线法的关键。

将 $\| Kg_\alpha - f \|_2$ 与 $\| g_\alpha \|_2$ 都视为 α 的函数，定义：

$$\rho(\alpha) = \lg \| Kg_\alpha - f \|_2 , \quad \theta(\alpha) = \lg \| g_\alpha \|_2 \tag{3.57}$$

L 曲线的曲率 $c(\alpha)$ 可由下式计算得到：

$$c(\alpha) = \frac{\rho'\theta'' - \rho''\theta'}{[(\rho')^2 + (\theta')^2]^{3/2}} \tag{3.58}$$

式中，ρ'，θ'，ρ''，θ'' 都是对参数 α 求导。

使用 L 曲线法时，通常取 L 曲线的"拐点"作为最佳折中点，定义曲率最大位置对应拐点位置，问题转化为确定最大曲率，从而得到对应的参数，视之为"最佳"参数，再代入 Tikhonov 频率域正则算子 $H_{\mathrm{Tikhonov}}(k_x, k_y)$，根据式(3.55)，得到 $G_\alpha(k_x, k_y)$，进而得到 $g_\alpha(x, y)$，这就是整个正则化方法的实现过程。

通过数值方法可以确定最大曲率。由式(3.55)可知，对于一个给定的参数 α，可以确定一个相应的正则解 g_α，这样就可以确定 L 曲线上的一个点($\lg \| Kg_\alpha - f \|_2$, $\lg \| g_\alpha \|_2$)。α 连续取值，则得到一条 L 曲线。现在需要解决两个问题：第一，如何快速计算得到 L 曲线；第二，如何根据 L 曲线准确计算出曲率，进而确定最大曲率位置。

解决第一个问题的思路是将 $\| Kg_\alpha - f \|_2$ 和 $\| g_\alpha \|_2$ 先转换到频率域，然后在频率域进行数值计算，这样带来的一个好处就是可以借助 FFT 算法，提高数值计算效率。根据 Parseval 等式，有如下等式关系：

$$\| k(x, y) * g_\alpha(x, y) - f(x, y) \|_{L_2} = \| H_{\mathrm{up}}(k_x, k_y) G_\alpha(k_x, k_y) - F(k_x, k_y) \|_{L_2} \tag{3.59}$$

$$\| g_\alpha(x, y) \|_{L_2} = \| G_\alpha(k_x, k_y) \|_{L_2} \tag{3.60}$$

结合式(3.55)，可以得到 $\rho(\alpha)$ 和 $\theta(\alpha)$ 的频率域计算式：

$$\rho(\alpha) = \lg \left\| \frac{1}{\alpha + e^{-2\Delta z \sqrt{k_x^2 + k_y^2}}} F(k_x, k_y) \right\|_2 \qquad (3.61)$$

$$\theta(\alpha) = \lg \left\| \frac{e^{-\Delta z \sqrt{k_x^2 + k_y^2}}}{\alpha + e^{-2\Delta z \sqrt{k_x^2 + k_y^2}}} F(k_x, k_y) \right\|_2 \qquad (3.62)$$

很明显,式(3.61)和式(3.62)给出了函数 ρ 和 θ 与参数 α 的显式关系。给定 α,借助 FFT 算法,可以快速计算得到 $\rho(\alpha)$ 和 $\theta(\alpha)$。

对于函数 ρ 和 θ 的一阶导数和二阶导数,分别用一阶差分和二阶差分来逼近,有:

$$\rho'(\alpha) \approx \frac{\rho(\alpha + \Delta \alpha) - \rho(\alpha)}{\Delta \alpha} \qquad (3.63)$$

$$\rho''(\alpha) \approx \frac{\rho(\alpha + \Delta \alpha) + \rho(\alpha - \Delta \alpha) - 2\rho(\alpha)}{\Delta \alpha^2} \qquad (3.64)$$

$$\theta'(\alpha) \approx \frac{\theta(\alpha + \Delta \alpha) - \theta(\alpha)}{\Delta \alpha} \qquad (3.65)$$

$$\theta''(\alpha) \approx \frac{\theta(\alpha + \Delta \alpha) + \theta(\alpha - \Delta \alpha) - 2\theta(\alpha)}{\Delta \alpha^2} \qquad (3.66)$$

在差分计算中,对于给定的 α,取 $\Delta \alpha = 0.01\alpha$。根据式(3.63)~式(3.66)和式(3.58),可以计算得到给定参数 α 对应的曲率 $c(\alpha)$。这只是一个点的曲率值,不可能计算曲线上所有点的曲率值,只能计算足够大范围内的足够密集的离散曲率值。对于这个问题,可以采用 Tikhonov 在拟最优准则[32]中使用的策略,即 α 的取值为一个等比数列:

$$\alpha_k = \alpha_0 q^k, \ k = 0, 1, 2, \cdots, N$$

根据大量数值实验,当正则化参数 $c(\alpha)$ 在 $10^{-8} \sim 1$ 范围内取值时,一般就能满足正则化方法的需求,也就是说"最佳"正则化参数一般包含在此区间内。所以,取区间 $10^{-8} \sim 1$ 内的一个等比数列,首项取为 $\alpha_0 = 10^{-8}$,末项取为 $\alpha_N = 1$,给定项数 N 可反推得到公比 q。这样,可以计算得到一系列曲率离散值 $c(\alpha_k)$,找出其中的曲率最大值,其对应的参数 α 就是"最佳"正则化参数,记为 α_{opt}。将 α_{opt} 反代入式(3.55),最终得到最优正则解 $g_{\alpha_{\text{opt}}}(x, y)$。

综上所述,频率域内平面位场向下延拓 Tikhonov-Lcurve 算法主要过程见算法 3.2。

算法 3.2   平面位场向下延拓 Tikhonov-Lcurve 算法

---

1. 给定 α_0、α_N 及项数 N，确定正则化参数取值等比数列 α_k；

2. 根据式(3.61)~式(3.66)，以及式(3.58)，利用 FFT 算法计算得到 $c(\alpha_k)$，确定最佳正则化参数 α_{opt}；

3. 将 α_{opt} 代入式(3.55)，得到 $G_{\alpha_{\text{opt}}}(k_x, k_y)$；

4. 对 $G_{\alpha_{\text{opt}}}(k_x, k_y)$ 进行离散傅里叶反变换，得到延拓面上的位场 $g_{\alpha_{\text{opt}}}(x, y)$。

3.3.2　Tikhonov-Lcurve 算法的性能分析

3.3.2.1　球体组合模型检验

球体组合模型的介绍及模型参数见附录 A。选取的观测区域范围为：X 方向 $-11160 \sim 11160$，Y 方向 $-11160 \sim 11160$；采样点距：$\Delta x = 20$ m，$\Delta y = 20$ m。观测数据维数为 1117×1117。

利用球体组合模型生成 $z = 0$ m 和 $z = -200$ m 两个高度平面理论磁异常数据，分别如图 3.10(a) 和图 3.10(b) 所示。表 3.4 给出了两个高度平面数据的统计值。采用 Tikhonov-Lcurve 算法，将 $z = -200$ m 高度面数据向下延拓至 $z = 0$ m 高度面，相当于向下延拓 10 倍资料点距。

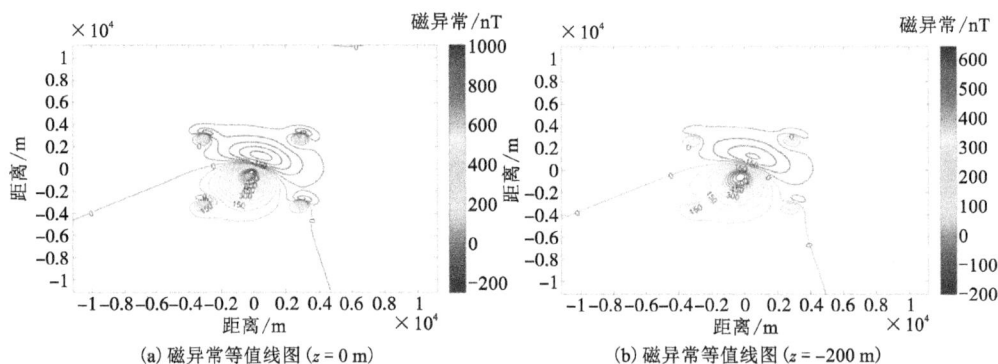

(a) 磁异常等值线图 ($z = 0$ m)　　　　(b) 磁异常等值线图 ($z = -200$ m)

图 3.10　球体组合模型

(扫目录页二维码查看彩图)

表 3.4　$z = 0$ m 和 $z = -200$ m 两个高度平面磁异常数据统计值

	最大值/nT	最小值/nT	均值/nT	均方根/nT
$z = 0$ m	1045.28	−272.73	1.72	73.07
$z = -200$ m	691.42	−205.75	1.71	58.49

将 $z=-200$ m 高度面数据向下延拓至 $z=0$ m，Tikhonov-Lcurve 算法结果如图
3.11 所示。由图 3.11(b)所示曲率曲线和 L 曲线可以看出，曲率最大位置基本对
应于 L 曲线的拐点位置，所确定的正则化参数大小为 9.1030×10^{-7}，可见当观测
数据不含噪声时，正则化参数取值很小。延拓结果如图 3.11(a)所示。从形态上
看，延拓结果与图 3.10(a)给出的理论值是一致的。延拓结果与理论值作差，误
差统计值见表 3.5。与表 3.4 中 $z=0$ m 平面理论数据统计值对比，可以看出，观
测数据没有噪声的情况下，Tikhonov-Lcurve 算法延拓结果具有较高精度，表明本
书给出的正则化参数确定方法是可行的。从算法效率上看，算法耗时约 420 s。
就处理的数据规模而言，算法效率很高。

表 3.5　Tikhonov-Lcurve 算法向下延拓结果误差统计值(模型数据检验)

	最大值/nT	最小值/nT	均值/nT	均方根/nT
无噪声	24.97	−24.83	0.01	1.20
含噪声	53.42	−40.39	0.02	4.05

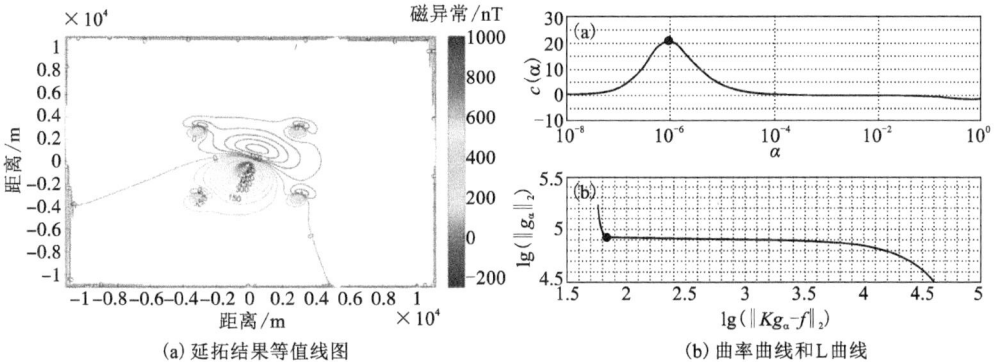

(a) 延拓结果等值线图　　(b) 曲率曲线和L曲线

图 3.11　Tikhonov-Lcurve 算法向下延拓结果(无噪声)

(扫目录页二维码查看彩图)

将 $z=-200$ m 高度面数据中加入 20 dB 噪声，Tikhonov-Lcurve 算法结果如图
3.12 所示。由图 3.12(b)所示曲率曲线和 L 曲线可以看出，曲率最大位置基本对
应于 L 曲线的拐点位置，所确定的正则化参数大小为 0.0052，与观测数据不含噪
声的情况相比，观测数据含有噪声的情况下，正则化参数变化大，说明正则化参
数对噪声是敏感的。延拓结果如图 3.12(a)所示。从形态上看，延拓结果与图
3.10(a)中的理论值大体一致。延拓结果与理论值作差，误差统计值见表 3.5。
与表 3.4 给出的 $z=0$ m 平面理论数据统计值对比，可以看出，观测数据含有噪声

的情况下，Tikhonov-Lcurve 算法延拓结果仍具有较高的精度，进一步验证了本书给出的正则化参数确定方法的有效性。

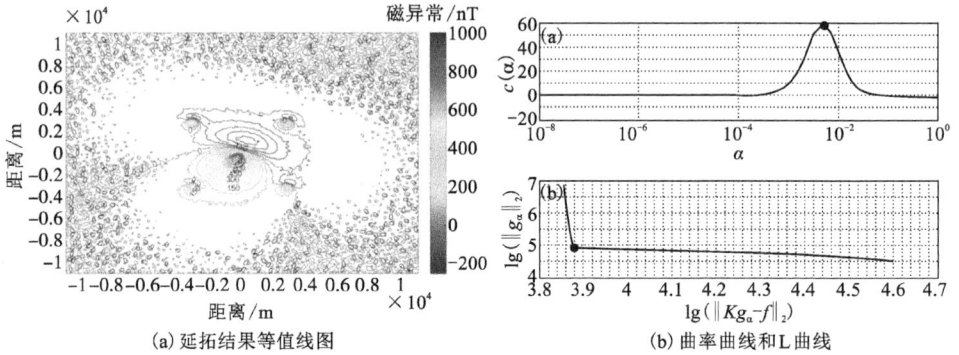

(a) 延拓结果等值线图　　(b) 曲率曲线和L曲线

图 3.12　Tikhonov-Lcurve 算法向下延拓结果(含噪声)

(扫目录页二维码查看彩图)

3.3.2.2　实测数据检验

采用附录 A 中给出的实测磁异常数据一，对 Tikhonov-Lcurve 算法进行检验。$z=0$ m 和 $z=-195$ m 两个高度面磁异常分别如图 3.8(a) 和图 3.8(b) 所示。将 $z=-195$ m 高度面磁异常向下延拓至 $z=0$ m，Tikhonov-Lcurve 算法结果如图 3.13 所示。由图 3.13(b) 给出的曲率曲线和 L 曲线可以看出，曲率最大位置基本对应于 L 曲线的拐点位置，所确定的正则化参数大小为 0.0016768。延拓结果如图 3.13(a) 所示。从形态上看，延拓结果与图 3.8(a) 给出的实测数据基本一致。延拓结果与实测数据作差，误差统计值见表 3.6。与表 A.2 给出的 $z=0$ m 平面实测数据统计值对比，可以看出，Tikhonov-Lcurve 算法延拓结果具有较高的精度，验证了本书给出的正则化参数确定方法的有效性。

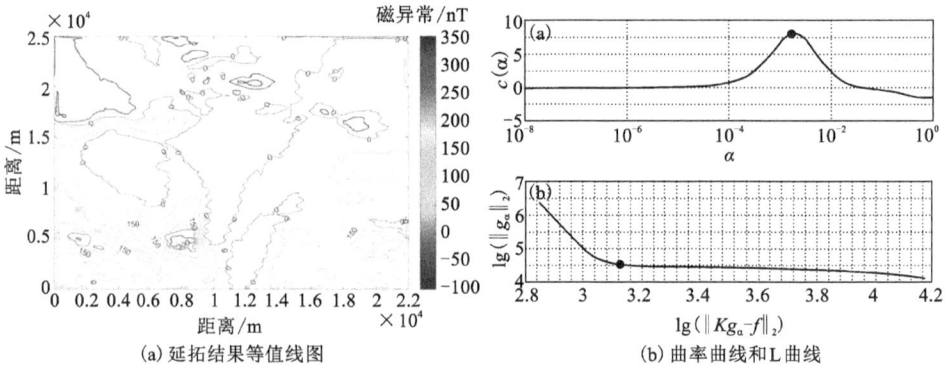

(a) 延拓结果等值线图　　(b) 曲率曲线和L曲线

图 3.13　Tikhonov-Lcurve 算法向下延拓结果(实测数据一)

(扫目录页二维码查看彩图)

表 3.6　Tikhonov-Lcurve 算法向下延拓结果误差统计值(实测数据一)

最大值/nT	最小值/nT	均值/nT	均方根/nT
82.07	−164.03	−0.33	8.58

位场向上延拓属于适定问题,向上延拓算法具有很高的精度,本章给出的 GFT 算法性能分析也证实了这一点。目前,实际测量得到的往往只有一个高度面磁异常数据。为了验证向下延拓方法,可以将实测磁异常数据先向上延拓,然后再将上延结果向下延拓,与实测磁异常数据对比,检验所研发的向下延拓方法的性能。这是目前常用的一种实验策略。

利用附录 A 中给出的实测磁异常数据二(如图 3.14 所示),采用 GFT 算法,将其向上延拓 1000 m,结果如图 3.15 所示。由于向上延拓结果精度很高,为此,在向上延拓结果中加入 30 dB 零均值高斯白噪声,作为 $z=-1000$ m 高度面实测数据。

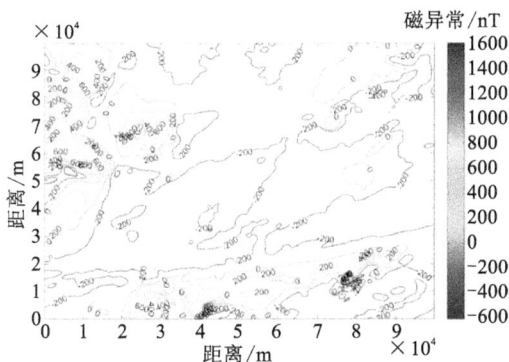

图 3.14　$z=0$ m 实测数据

(扫目录页二维码查看彩图)

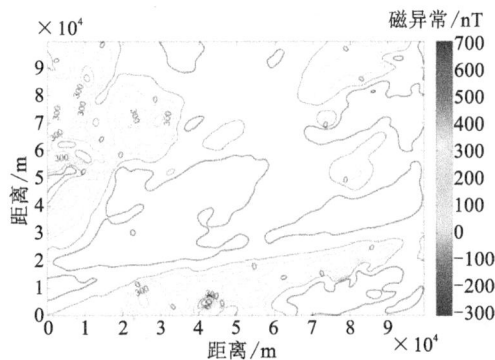

图 3.15　GFT 算法向上延拓 1000 m

(扫目录页二维码查看彩图)

利用 Tikhonov-Lcurve 算法,将 $z=-1000$ m 高度面数据向下延拓至 $z=0$ m,结果如图 3.16 所示。由图 3.16(a)给出的曲率曲线和 L 曲线可以看出,曲率最大位置基本对应于 L 曲线的拐点位置,所确定的正则化参数大小为 0.0024421。延拓结果如图 3.16(a)所示。从形态上看,延拓结果与图 3.14 给出的实测数据基本一致。延拓结果与实测数据作差,误差统计值见表 3.7。与附录 A 中的表 A.3 给出的 $z=0$ m 平面实测数据统计值对比,可以看出,Tikhonov-Lcurve 算法延拓结果具有较高的精度,验证了本书给出的正则化参数确定方法的有效性。

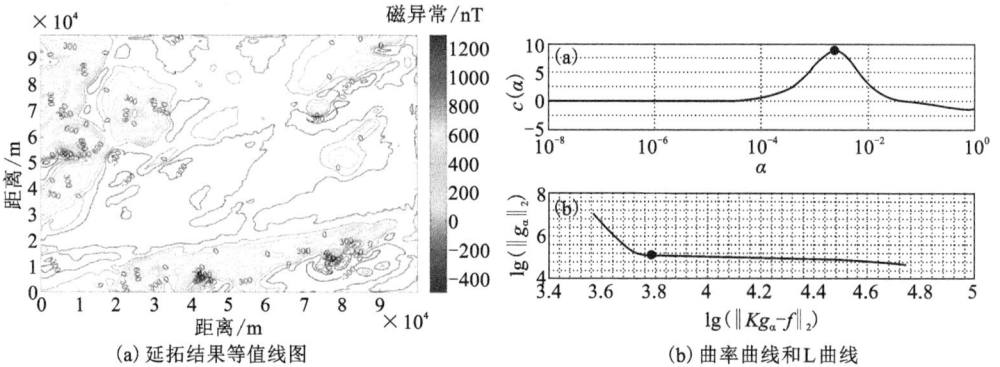

(a) 延拓结果等值线图   (b) 曲率曲线和L曲线

图3.16　Tikhonov–Lcurve 算法向下延拓结果(实测数据二)

(扫目录页二维码查看彩图)

表3.7　Tikhonov–Lcurve 算法向下延拓结果误差统计值(实测数据二)

最大值/nT	最小值/nT	均值/nT	均方根/nT
410.61	−337.06	−3.57	20.56

3.4　本章小结

    本章主要对频率域延拓方法进行了改进和完善。从数学上证明了积分迭代法是收敛的，并分析了其频率域滤波特性，研究结果表明，积分迭代法解决向下延拓问题时，其效果与一般的正则化方法相同，迭代次数起到正则化参数的作用。本章给出的分析方法，可用于分析其他类型的求解不适定问题的迭代方法。提出了基于L曲线的快速正则化参数确定方法，对向下延拓 Tikhonov 正则化方法进行了完善，数值实验结果表明，本章提出的正则化参数确定方法准确可靠，算法效率高。本章一项重要的研究成果是解决了任意采样点数位场数据进行傅里叶变换时的离散频率计算问题，在此基础上，引入任意采样点数的 FFT 算法，可以极大地简化频率域位场数据预处理过程。另外，本节还提出了任意采样点数向上延拓 GFT 算法，数值实验结果表明，GFT 算法效率和延拓结果精度都很高，这也证实了本章所给出的离散频率计算公式是正确的。

第4章 平面位场向上延拓空间域 BCE 算法

解决平面位场向上延拓问题的传统方法是频率域 FT 算法，在本书 3.2 节，笔者给出了适用于任意采样点数的 GFT 算法。向上延拓是向下延拓的基础，本章将继续对向上延拓问题进行研究，寻求空间域内向上延拓问题的求解方法，探讨空间域方法与频率域方法的关系。

4.1　空间域向上延拓方法理论基础

在空间域内求解向上延拓问题，就是将向上延拓积分式(2.23)离散化，转化为线性代数方程组进行求解。这样的简单求解思路，以前不被人们重视，主要原因在于向上延拓积分式(2.23)为二维积分，离散化后得到的系数矩阵维数非常高，这就造成两方面困难：一是存储系数矩阵需要耗费大量计算机内存；二是对系数矩阵的计算(主要指其与向量相乘运算)需要花费很长时间。随着快速傅里叶变换算法的出现，在频率域进行向上延拓效率变得很高，这就降低了人们对空间域方法的关注程度。

当前数值线性代数领域有不少优秀的数值算法可供解决空间域向上延拓问题选择。在对某些优秀数值算法的特点和离散化系数矩阵特征进行深入分析的基础上，本节将给出空间域向上延拓问题的离散化方法，分析离散化系数矩阵结构特征，为选择合适的优秀数值算法求解空间域向上延拓问题奠定理论基础。

为简便起见，重新记平面位场延拓积分式(2.23)为：

$$f(x, y) = \frac{\Delta z}{2\pi} \int_{-\infty}^{\infty} \int_{-\infty}^{\infty} \frac{g(\xi, \eta)}{[(x-\xi)^2 + (y-\eta)^2 + \Delta z^2]^{3/2}} \mathrm{d}\xi \mathrm{d}\eta \qquad (4.1)$$

如图 4.1 所示，$f(x, y)$ 表示平面 $z = -\Delta z$ 上的场，$g(x, y)$ 表示平面 $z = 0$ 上的场，按照惯例，坐标轴 z 取垂直向下为正方向。

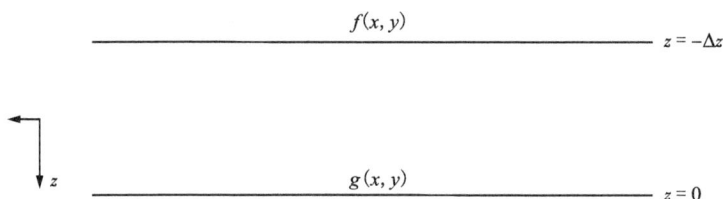

图 4.1　平面位场延拓示意图

4.1.1　向上延拓积分方程的离散化

4.1.1.1　离散化方法一

在空间域内求解平面向上延拓问题，首先需要对式(4.1)进行离散化。本小节给出第一种离散化方法，其过程如下：

(1)假设有限观测数据的区域范围为 $(a, b) \times (c, d)$，对式(4.1)进行近似，有

$$f(x, y) \approx \frac{\Delta z}{2\pi} \int_a^b \int_c^d \frac{g(\xi, \eta)}{[(x-\xi)^2 + (y-\eta)^2 + \Delta z^2]^{3/2}} \mathrm{d}\xi \mathrm{d}\eta \qquad (4.2)$$

(2)将观测区域剖分成矩形网格，每个网格大小为 $\Delta x \times \Delta y$，设网格的中心点坐标为

$x_m = x_0 + m\Delta x, m = 0, 1, 2, \cdots, M-1; \ y_n = y_0 + n\Delta y, n = 0, 1, 2, \cdots, N-1$

式中，M、N 分别表示 x 方向和 y 方向剖分的网格数。根据积分区域叠加原理，由式(4.2)可得

$$f(x, y) \approx \frac{\Delta z}{2\pi} \sum_{i=0}^{M-1} \sum_{j=0}^{N-1} \int_{x_i - \Delta x}^{x_i + \Delta x} \int_{y_j - \Delta y}^{y_j + \Delta y} \frac{g(\xi, \eta)}{[(x-\xi)^2 + (y-\eta)^2 + z^2]^{3/2}} \mathrm{d}\xi \mathrm{d}\eta \qquad (4.3)$$

(3)设每个网格中心位置对应的场值为 $g(\xi_i, \eta_j)$，若每个网格内的场值均

为常值, 则由式 (4.3) 进一步可得

$$f(x, y) \approx \frac{1}{2\pi} \sum_{i=0}^{M-1} \sum_{j=0}^{N-1} g(\xi_i, \eta_j) \int_{\xi_i - \Delta x}^{\xi_i + \Delta x} \int_{\eta_j - \Delta y}^{\eta_j + \Delta y} \frac{\Delta z}{\left[(x - \xi)^2 + (y - \eta)^2 + \Delta z^2\right]^{3/2}} \, \mathrm{d}\xi \mathrm{d}\eta$$

(4.4)

注意, 上式在表示观测数据时, 坐标变量用的是 (ξ, η), 网格中心坐标表示为 (ξ_i, η_j), 本质上 ξ 和 η 分别与 x 和 y 相同。

(4) 记积分

$$h(x, y; \xi_i, \eta_j) = \int_{\xi_i - \Delta x}^{\xi_i + \Delta x} \int_{\eta_j - \Delta y}^{\eta_j + \Delta y} \frac{\Delta z}{\left[(x - \xi)^2 + (y - \eta)^2 + \Delta z^2\right]^{3/2}} \, \mathrm{d}\xi \mathrm{d}\eta \quad (4.5)$$

式中, x 和 y 为变量, ξ_i 和 η_j 为参数。

式 (4.5) 表示的积分为加权积分, 它可由下式近似计算

$$h(x, y; \xi_i, \eta_j) \approx \frac{\Delta x \Delta y \Delta z}{\left[(x - \xi_i)^2 + (y - \eta_j)^2 + \Delta z^2\right]^{3/2}} \quad (4.6)$$

(5) 根据式 (4.6) 和式 (4.4), 可得

$$f(x, y) \approx \frac{1}{2\pi} \sum_{i=0}^{M-1} \sum_{j=0}^{N-1} \frac{g(\xi_i, \eta_j) \Delta x \Delta y \Delta z}{\left[(x - \xi_i)^2 + (y - \eta_j)^2 + \Delta z^2\right]^{3/2}} \quad (4.7)$$

一般情况下, 向上延拓计算得到的是离散位置上的数据, 延拓数据与观测数据具有相同的水平坐标。这这种情况下, 由式 (4.7) 可得

$$f(x_m, y_n) \approx \frac{1}{2\pi} \sum_{i=0}^{M-1} \sum_{j=0}^{N-1} \frac{g(\xi_i, \eta_j) \Delta x \Delta y \Delta z}{\left[(x_m - \xi_i)^2 + (y_n - \eta_j)^2 + \Delta z^2\right]^{3/2}} \quad (4.8)$$

式 (4.8) 是对向上延拓积分式 (4.1) 进行数值计算的近似公式, 也是目前常用的数值计算公式[85]。

4.1.1.2　离散化方法二

仔细分析第一种离散化方法, 可以发现, 对多个离散化环节进行改进, 有助于提高向上延拓结果精度。例如, 在步骤 (3) 中, 如果用有限元方法思想, 采用一次线性函数来逼近每个单元内的场, 而非将场值视为常值, 是可能提高延拓结果精度的。这里提出一种新的离散化方法, 该方法主要是对第一种离散化方法的步骤 (4) 进行改进, 其余步骤相同。

第一种离散化方法步骤 (4) 中, 计算加权积分 $h(x, y; \xi_j, \eta_j)$ 采用近似计算

公式，研究过程中，笔者推导得到了该积分的解析表达式，结果如下：

$$h(x, y; \xi_i, \eta_j) =$$

$$\sum_{p=1}^{2} \sum_{q=1}^{2} \mu_{pq} \left[\arctan \frac{X_p Y_q}{\Delta z R_{pq}} - \frac{(X_p Y_q \Delta z) \cdot (R_{pq}^2 + \Delta z^2)}{R_{pq} [(X_p Y_q)^2 + (\Delta z R_{pq})^2]} - \frac{X_p \Delta z}{R_{pq}(R_{pq} + Y_q)} - \frac{Y_q \Delta z}{R_{pq}(R_{pq} + X_p)} \right]$$

$$(4.9)$$

式中，

$$X_1 = x - \xi_i + 0.5\Delta x, \quad X_2 = x - \xi_i - 0.5\Delta x, \quad Y_1 = y - \eta_j + 0.5\Delta y, \quad Y_2 = y - \eta_j - 0.5\Delta y$$

$$R_{pq} = \sqrt{X_p^2 + Y_q^2 + \Delta z^2}, \quad \mu_{pq} = (-1)^p (-1)^q$$

上述结果的具体推导过程见附录 D。将式(4.8)代入式(4.3)，可得到新的向上延拓数值计算式

$$f(x_m, y_n) \approx \frac{1}{2\pi} \sum_{i=0}^{M-1} \sum_{j=0}^{N-1} g(\xi_i, \eta_j) h(x_m, y_n; \xi_i, \eta_j) \qquad (4.10)$$

数值实验表明，利用式(4.10)计算得到的向上延拓结果精度优于式(4.8)的计算结果精度。对式(4.6)和式(4.9)分析可知，两种方式计算加权积分 $h(x, y; \xi_i, \eta_j)$，其结果与 $x - \xi_i$ 和 $y - \eta_j$ 有关，所以，加权积分可以记作

$$h(x - \xi_i, y - \eta_j) = h(x, y; \xi_i, \eta_j)$$

将式(4.8)和式(4.10)统一表示为

$$f(x_m, y_n) \approx \frac{1}{2\pi} \sum_{i=0}^{M-1} \sum_{j=0}^{N-1} g(\xi_i, \eta_j) h(x_m - \xi_i, y_n - \eta_j) \qquad (4.11)$$

显然，式(4.11)在形式上为二维离散卷积，而向上延拓积分式(4.1)为二维卷积积分，所以，式(4.11)保留了式(4.1)的卷积特性。

对式(4.6)和式(4.9)进一步分析可知，两式都是关于 $x - \xi_i$ 和 $y - \eta_j$ 的偶函数(后者是偶函数的证明见附录 D)，即有

$$h(x - \xi_i, y - \eta_j) = h(\xi_i - x, y - \eta_j), \quad h(x - \xi_i, y - \eta_j) = h(x - \xi_i, \eta_j - y)$$

所以，式(4.6)和式(4.9)给出的加权积分，在形式上虽然有很大区别，但在函数性质上是完全相同的。这样带来的好处是，后文分析由两式计算得到的系数矩阵的结构特征时，可以只对其中一式计算得到的系数矩阵进行分析，另一式计算得到的系数矩阵有相同的结论。显然，因为式(4.6)较简洁，下面选择它来分析系数矩阵结构特征。

4.1.2　离散问题规范表示

根据式(4.8)，可以将空间域向上延拓问题表示成规范的线性代数问题，即

表示成矩阵向量相乘的形式。为此，首先引入一些新的记号：将 $g(x_i, y_j)$ 和 $f(x_m, y_n)$ 视为二维数组，二者重新表示为：

$$g(i, j)\widehat{=}g(x_i, y_j), f(m, n)\widehat{=}f(x_m, y_n)$$

式中，$i, m = 0, 1, 2, \cdots, M-1$；$j, n = 0, 1, 2, \cdots, N-1$。

通常习惯将数组的"坐标"从 1 开始编号，为了与习惯一致，在不改变计算结果的情况下，将 m, n, i, j 取值范围改为：

$$i, m = 1, 2, \cdots, M; j, n = 1, 2, \cdots, N$$

按照新的记号和变量取值范围，式(4.8)重新表示为：

$$f(m, n) = \frac{\Delta z}{2\pi}\sum_{i=1}^{M}\sum_{j=1}^{N}\frac{g(i, j)\Delta x\Delta y}{[(m-i)^2\Delta x^2 + (n-j)^2\Delta y^2 + \Delta z^2]^{3/2}} \quad (4.12)$$

为表述方便，将式(4.12)写成等式关系，但应该指出的是，该式计算得到的"解"只是"近似解"。将二维数组 $f(m, n)$ 和 $g(i, j)$ 按照行排列成列向量 $\boldsymbol{f}$ 和列向量 $\boldsymbol{g}$，即有，

$$\boldsymbol{f}=[f(1, 1), f(1, 2), \cdots, f(1, N), f(2, 1), f(2, 2), \cdots, f(2, N), \cdots, f(M, N-1), f(M, N)]^{\mathrm{T}}$$
$$\boldsymbol{g}=[g(1, 1), g(1, 2), \cdots, g(1, N), g(2, 1), g(2, 2), \cdots, g(2, N), \cdots, g(M, N-1), g(M, N)]^{\mathrm{T}}$$

用 f_k 表示列向量 $\boldsymbol{f}$ 第 k 个元素，g_l 表示列向量 $\boldsymbol{g}$ 第 l 个元素。按照给定的排列关系，k 和 l 与对应二维数组 $f(m, n)$ 和 $g(i, j)$ 的坐标 (m, n)、(i, j) 有如下关系：

$$k = (m-1)\cdot N + n, k = 1, 2, \cdots, MN \quad (4.13)$$
$$l = (i-1)\cdot N + j, l = 1, 2, \cdots, MN \quad (4.14)$$

根据数据的排列规则，k 与 m, n 之间存在一一对应关系、l 与 i, j 之间存在一一对应关系，即给定 m, n 时，k 由式(4.13)唯一确定；当给定 k 时，m, n 也是唯一确定的，例如，当 $k=N+1$ 时，存在 $m = 2, n = 1$ 唯一与之对应。下一节将给出在给定 k 时计算 m, n 的公式。对 l 与 i, j 也有同样的结论。

根据式(4.12)及对数据的重新排列，可以得到空间域向上延拓的矩阵向量相乘表示形式：

$$\boldsymbol{f} = \boldsymbol{A}\boldsymbol{g} \quad (4.15)$$

称矩阵 $\boldsymbol{A}$ 为向上延拓积分式(4.1)的系数矩阵，用 $A(k, l)$ 表示矩阵第 k 行第 l 列的元素，它可由下式计算得到：

$$A(k, l) = \frac{C}{[R(m, n; i, j)]^3} \quad (4.16)$$

式中，$C = \dfrac{\Delta z\Delta x\Delta y}{2\pi}$，$R(m, n; i, j) = \sqrt{(m-i)^2\Delta x^2 + (n-j)^2\Delta y^2 + \Delta z^2}$。

对式(4.16)有一点需要说明：将辅助变量 R 视为数组位置坐标 m, n, i, j 的函数，且将 m, n, i, j 分成两组，称 m, n 为左组变量，它们由系数矩阵元素 $A(k, l)$ 的行坐标 k 确定，称 i, j 为右组变量，它们由系数矩阵元素 $A(k, l)$ 的列坐标 l 确定。简单地说，辅助变量 R 的左组变量由系数矩阵元素行坐标确定，右组变量由列坐标确定。下文分析系数矩阵结构特征时，会多次用到由行坐标计算左组变量的显式表达式，以及由列坐标计算右组变量的显式表达式。

就系数矩阵 A 的维数而言，若取观测数据的维数为 $M = N = 1024$，则系数矩阵 A 的维数将是 $1024^2 \times 1024^2$，这是一个天文数字，对于 64 位操作系统，存储一个数字需要 8 个字节，则存储这样一个矩阵需要的内存空间约是 8000 GB，这就是存在的存储问题，一般计算机是无法存储这样的大型矩阵的，更不用说进行相关的矩阵计算。幸运的是，该矩阵的结构特征非常特殊，其是解决矩阵存储和矩阵计算问题的关键所在。

4.1.3　系数矩阵结构特征分析

不难知道，离散卷积与 Toeplitz 矩阵之间有密切联系，用矩形公式法将积分方程离散化后得到的式(4.12)，实际上就是二维离散卷积。根据式(4.16)计算得到一个维数较小的系数矩阵，很容易观察到它是对称的分块 Toeplitz 矩阵，并且每个块矩阵也是 Toeplitz 矩阵，英文称为 block Toeplitz with Toeplitz blocks，简记为 BTTB。本小节将从数学上证明一般情况下的矩阵都是 BTTB 矩阵。

证明思路是根据系数矩阵元素坐标确定元素之间的关系，根据式(4.16)和上节分析可知，给定元素位置坐标，该元素的数值就确定了。具体说来，就是对于给定元素 $A(k, l)$，根据其坐标 (k, l) 确定辅助变量 $R(m, n; i, j)$ 的左组变量 m, n 和右组变量 i, j，进而确定 $R(m, n; i, j)$，最后由 $R(m, n; i, j)$ 来确定元素 $A(k, l)$。这中间的关键一步是如何由 k, l 来确定 m, n 和 i, j。由坐标变量关系式(4.13)和式(4.14)，可以推导出如下显式关系：

$$m = \frac{k}{N}, \ n = N, \qquad\qquad \text{当 } N \text{ 能整除 } k \text{ 时} \qquad (4.17a)$$

$$m = \left[\frac{k}{N}\right] + 1, \ n = k - \left[\frac{k}{N}\right] \cdot N, \quad \text{当 } N \text{ 不能整除 } k \text{ 时} \quad (4.17b)$$

$$i = \frac{l}{N}, \ j = N \qquad\qquad \text{当 } N \text{ 能整除 } l \text{ 时} \qquad (4.17c)$$

$$i = \left[\frac{l}{N}\right] + 1, j = l - \left[\frac{l}{N}\right] \cdot N, \qquad \text{当 } N \text{ 不能整除 } l \text{ 时} \tag{4.17d}$$

式中，$[x]$ 表示对 x 的取整运算，即 $[x]$ 为不大于 x 的最大整数。在分析系数矩阵 A 的结构特征时，要用到如下三个等式关系：

(1) 若 N 不能整除 k，且 N 能整除 $k+1$，则有：$\left[\frac{k}{N}\right] = \frac{k+1}{N} - 1$。

(2) 若 N 不能整除 k，且 N 不能整除 $k+1$，则有：$\left[\frac{k}{N}\right] = \left[\frac{k+1}{N}\right]$。

(3) $\left[\frac{k+N}{N}\right] = \left[\frac{k}{N}\right] + 1$。

下面给出 Toeplitz 矩阵和 BTTB 矩阵的定义和一些重要标记。

定义 4.1：矩阵 T 称为 Toeplitz 矩阵，若 T 具有如下结构形式：

$$T = \begin{bmatrix} t_0 & t_{-1} & \cdots & t_{2-n} & t_{1-n} \\ t_1 & t_0 & t_{-1} & \ddots & t_{2-n} \\ \vdots & \ddots & \ddots & \ddots & \vdots \\ t_{n-2} & \ddots & t_1 & t_0 & t_{-1} \\ t_{n-1} & t_{n-2} & \cdots & t_1 & t_0 \end{bmatrix}$$

记 $t = (t_{1-n}, \cdots, t_{-1}, t_0, t_1, \cdots, t_{n-1}) \in \mathbb{C}^{2n-1}$，将矩阵 T 表示为 $T = \text{toeplitz}(t)$

定义 4.2：$n_x n_y \times n_x n_y$ 矩阵 T 称为 BTTB 矩阵，若 T 具有如下分块形式：

$$T = \begin{bmatrix} T_0 & T_{-1} & \cdots & T_{1-n_y} \\ T_1 & T_0 & T_{-1} & \vdots \\ \vdots & \ddots & \ddots & T_{-1} \\ T_{n_y-1} & \cdots & T_1 & T_0 \end{bmatrix}$$

并且每个矩阵块 T_j 均为 $n_x \times n_x$ 的 Toeplitz 矩阵，即：

$$T_j = \begin{bmatrix} t_{0,j} & t_{-1,j} & \cdots & t_{2-n_x,j} & t_{1-n_x,j} \\ t_{1,j} & t_{0,j} & t_{-1,j} & \ddots & t_{2-n_x,j} \\ \vdots & \ddots & \ddots & \ddots & \vdots \\ t_{n_x-2,j} & \ddots & t_{1,j} & t_{0,j} & t_{-1,j} \\ t_{n_x-1,j} & t_{n_x-2,j} & \cdots & t_{1,j} & t_{0,j} \end{bmatrix}$$

记 $\boldsymbol{t}_{.,j} = (t_{1-n_x,j}, \cdots, t_{-1,j}, t_{0,j}, t_{1,j}, \cdots, t_{n_x-1,j}) \in \mathbb{C}^{2n-1}$，则矩阵 $\boldsymbol{T}_j$ 表示为 $\boldsymbol{T}_j =$ toeplitz($\boldsymbol{t}_{.,j}$)。

定义二维数组 $\boldsymbol{t} \in \mathbb{C}^{(2n_x-1)\times(2n_y-1)}$，它的每一列由 $\boldsymbol{t}_{.,j}$ 构成。

定义 4.3：

$$
\boldsymbol{t} = \begin{bmatrix}
t_{1-n_x,\,1-n_y} & \cdots & t_{1-n_x,\,0} & \cdots & t_{1-n_x,\,n_y-1} \\
\vdots & \vdots & \vdots & \vdots & \vdots \\
t_{0,\,1-n_y} & \cdots & t_{0,\,0} & \cdots & t_{0,\,n_y-1} \\
\vdots & \vdots & \vdots & \vdots & \vdots \\
t_{n_x-1,\,1-n_y} & \cdots & t_{n_x-1,\,0} & \cdots & t_{n_x-1,\,n_y-1}
\end{bmatrix} \in \mathbb{C}^{(2n_x-1)\times(2n_y-1)}
$$

将 BTTB 矩阵 $\boldsymbol{T}$ 表示为 $\boldsymbol{T} = \text{bttb}(t)$。

下面分四步来证明：系数矩阵 $\boldsymbol{A}$ 是对称的 BTTB 矩阵。由于证明的方法都是相似的，这里只给出一些具有代表性的情况的详细证明。

第一步：系数矩阵 $\boldsymbol{A}$ 是对称矩阵，即 $\boldsymbol{A} = \boldsymbol{A}^{\mathrm{T}}$。

证明：与命题等价的提法是：对任意给定的 $k, l \in \{1, 2, \cdots, MN\}$，都有 $A(k, l) = A(l, k)$。根据 N 是否能够整除 k, l，将本步证明分为四种情况。

情形 1：N 不能整除 k，N 不能整除 l

将元素 $\boldsymbol{A}(k, l)$ 行坐标 k 代入式(4.17b)，列坐标 l 代入式(4.17d)，可得：

$$
m_1 = \left[\frac{k}{N}\right] + 1, \; n_1 = k - \left[\frac{k}{N}\right] \cdot N, \; i_1 = \left[\frac{l}{N}\right] + 1, \; j_1 = l - \left[\frac{l}{N}\right] \cdot N
$$

将元素 $\boldsymbol{A}(l, k)$ 行坐标 l 代入式(4.17b)，列坐标 k 代入式(4.17d)，可得：

$$
m_2 = \left[\frac{l}{N}\right] + 1, \; n_2 = l - \left[\frac{l}{N}\right] \cdot N, \; i_2 = \left[\frac{k}{N}\right] + 1, \; j_2 = k - \left[\frac{k}{N}\right] \cdot N
$$

综合上述结果可得：

$$
(m_1 - i_1)^2 = \left(\left[\frac{k}{N}\right] - \left[\frac{l}{N}\right]\right)^2 = (m_2 - i_2)^2
$$

$$
(n_1 - j_1)^2 = \left(k - l + \left[\frac{l}{N}\right] \cdot N - \left[\frac{k}{N}\right] \cdot N\right)^2 = (n_2 - j_2)^2
$$

进一步有：

$$
(m_1 - i_1)^2 \Delta x^2 + (n_1 - j_1)^2 \Delta y^2 + \Delta z^2 = (m_2 - i_2)^2 \Delta x^2 + (n_2 - j_2)^2 \Delta y^2 + \Delta z^2
$$

根据式(4.16)，可得 $A(k, l) = A(l, k)$。

情形 2：N 能整除 k，N 不能整除 l

将元素 $A(k, l)$ 行坐标 k 代入式(4.17a)，列坐标 l 代入式(4.17d)，可得：

$$m_1 = \frac{k}{N}, \ n_1 = N, \ i_1 = \left[\frac{l}{N}\right] + 1, \ j_1 = l - \left[\frac{l}{N}\right] \cdot N$$

将元素 $A(l, k)$ 行坐标 l 代入式(4.17b)，列坐标 k 代入式(4.17c)，可得：

$$m_2 = \left[\frac{l}{N}\right] + 1, \ n_2 = l - \left[\frac{l}{N}\right] \cdot N, \ i_2 = \frac{k}{N}, \ j_2 = N$$

综合上述结果可得：

$$(m_1 - i_1)^2 = \left(\frac{k}{N} - \left[\frac{l}{N}\right] - 1\right)^2 = \left(\left[\frac{l}{N}\right] + 1 - \frac{k}{N}\right)^2 = (m_2 - i_2)^2$$

$$(n_1 - j_1)^2 = \left(N - l + \left[\frac{l}{N}\right] \cdot N\right)^2 = \left(l - \left[\frac{l}{N}\right] \cdot N - N\right)^2 = (n_2 - j_2)^2$$

进一步有：

$$(m_1 - i_1)^2 \Delta x^2 + (n_1 - j_1)^2 \Delta y^2 + \Delta z^2 = (m_2 - i_2)^2 \Delta x^2 + (n_2 - j_2)^2 \Delta y^2 + \Delta z^2$$

根据式(4.16)，可得 $A(k, l) = A(l, k)$。

情形 3：N 不能整除 k，N 能整除 l

将元素 $A(k, l)$ 行坐标 k 代入式(4.17b)，列坐标 l 代入式(4.17c)，可得：

$$m_1 = \left[\frac{k}{N}\right] + 1, \ n_1 = k - \left[\frac{k}{N}\right] \cdot N, \ i_1 = \frac{l}{N}, \ j_1 = N$$

将元素 $A(l, k)$ 行坐标 l 代入式(4.17a)，列坐标 k 代入式(4.17d)，可得：

$$m_2 = \frac{l}{N}, \ n_2 = N, \ i_2 = \left[\frac{k}{N}\right] + 1, \ j_2 = k - \left[\frac{k}{N}\right] \cdot N$$

综合上述结果可得：

$$(m_1 - i_1)^2 = \left(\left[\frac{k}{N}\right] + 1 - \frac{l}{N}\right)^2 = \left(\frac{l}{N} - \left[\frac{k}{N}\right] - 1\right)^2 = (m_2 - i_2)^2$$

$$(n_1 - j_1)^2 = \left(k - \left[\frac{k}{N}\right] \cdot N - N\right)^2 = \left(N - k + \left[\frac{k}{N}\right] \cdot N\right)^2 = (n_2 - j_2)^2$$

进一步有：

$$(m_1 - i_1)^2 \Delta x^2 + (n_1 - j_1)^2 \Delta y^2 + \Delta z^2 = (m_2 - i_2)^2 \Delta x^2 + (n_2 - j_2)^2 \Delta y^2 + \Delta z^2$$

根据式(4.16)，可得 $A(k, l) = A(l, k)$。

情形 4：N 能整除 k，N 能整除 l

将元素 $A(k, l)$ 行坐标 k 代入式(4.17a)，列坐标 l 代入式(4.17c)，可得：

$$m_1 = \frac{k}{N}, \ n_1 = N, \ i_1 = \frac{l}{N}, \ j_1 = N$$

将元素 $A(l, k)$ 行坐标 l 代入式(4.17a)，列坐标 k 代入式(4.17c)，可得：

$$m_2 = \frac{l}{N}, \; n_2 = N, \; i_2 = \frac{k}{N}, \; j_2 = N$$

综合上述结果可得：

$$(m_1 - i_1)^2 = \left(\frac{k}{N} - \frac{l}{N}\right)^2 = \left(\frac{l}{N} - \frac{k}{N}\right)^2 = (m_2 - i_2)^2$$
$$(n_1 - j_1)^2 = 0 = (n_2 - j_2)^2$$

进一步有：

$$(m_1 - i_1)^2 \Delta x^2 + (n_1 - j_1)^2 \Delta y^2 + \Delta z^2 = (m_2 - i_2)^2 \Delta x^2 + (n_2 - j_2)^2 \Delta y^2 + \Delta z^2$$

根据式(4.16)，可得 $A(k, l) = A(l, k)$。

综上所述，对任意给定的 $k, l \in \{1, 2, \cdots, MN\}$，都有 $A(k, l) = A(l, k)$，这也就证明了系数矩阵 A 是对称矩阵，即 $A = A^{\mathrm{T}}$。

第二步：系数矩阵 A 是分块 Toeplitz 矩阵。

这里需要证明系数矩阵 A 具有定义 4.2 所示的分块结构。简单分析可知，系数矩阵 A 的维数是 $MN \times MN$，按照前述的排列方式，它的矩阵块的个数为 $M \times M$，每个矩阵块的维数是 $N \times N$。对于任意一个块矩阵，可以将其表示为：$A(k + aN, l + bN)$，$k = 1, 2, \cdots, N$，$l = 1, 2, \cdots, N$，$a, b \in \{0, 1, 2, \cdots, M - 1\}$。

这种表示方法的含义是：对于确定位置的块矩阵，a, b 的取值是确定的，k, l 取遍 $1, 2, \cdots, N$ 时，$A(k + aN, l + bN)$ 可以遍历到该块矩阵的所有元素，即它可以表示该块矩阵。简单分析可知，与块矩阵 $A(k + aN, l + bN)$ 位于同一对角线上的相邻的块矩阵可表示为 $A(k + aN + N, l + bN + N)$，下面证明这两个矩阵是相同的，即要证明对应元素相等，$A(k + aN, l + bN) = A(k + aN + N, l + bN + N)$。

证明：给定 a, b，任意取 $k, l \in \{1, 2, \cdots, N\}$，有

情形 1：$k \neq N, l \neq N$ 时，$\left[\dfrac{k}{N}\right] = 0$，$\left[\dfrac{l}{N}\right] = 0$

将 $A(k + aN, l + bN)$ 的行坐标 $k + aN$ 代入式(4.17b)，列坐标 $l + bN$ 代入式(4.17d)，解得：

$$m_1 = \left[\frac{k + aN}{N}\right] + 1 = a + 1, \; n_1 = k + aN - \left[\frac{k + aN}{N}\right] \cdot N = k,$$
$$i_1 = \left[\frac{l + bN + N}{N}\right] + 1 = b + 2, \; j_1 = l + bN + N - \left[\frac{l + bN + N}{N}\right] \cdot N = l$$

将 $A(k + aN + N, l + bN + N)$ 的行坐标 $k + aN + N$ 代入式(4.17b)，列坐标 $l + bN + N$ 代入式(4.17d)，解得：

$$m_2 = \left[\frac{k + aN + N}{N}\right] + 1 = a + 2, \ n_2 = k + aN + N - \left[\frac{k + aN + N}{N}\right] \cdot N = k,$$

$$i_2 = \left[\frac{l + bN + N}{N}\right] + 1 = b + 2, \ j_2 = l + bN + N - \left[\frac{l + bN + N}{N}\right] \cdot N = l$$

综合上述结果可得：

$$(m_1 - i_1)^2 = (a - b)^2 = (m_2 - i_2)^2, \ (n_1 - j_1)^2 = (k - l)^2 = (n_2 - j_2)^2$$

进一步有：

$$(m_1 - i_1)^2 \Delta x^2 + (n_1 - j_1)^2 \Delta y^2 + \Delta z^2 = (m_2 - i_2)^2 \Delta x^2 + (n_2 - j_2)^2 \Delta y^2 + \Delta z^2$$

根据式(4.16)，可得 $A(k + aN, l + bN) = A(k + aN + N, l + bN + N)$。

情形 2：$k = N, l \neq N$ 时，$\left[\frac{k}{N}\right] = 1$，$\left[\frac{l}{N}\right] = 0$

将 $A(k + aN, l + bN)$ 的行坐标 $k + aN$ 代入式(4.17a)，列坐标 $l + bN$ 代入式(4.17d)，解得：

$$m_1 = \frac{k + aN}{N} = a + 1, \ n_1 = N,$$

$$i_1 = \left[\frac{l + bN}{N}\right] + 1 = b + 1, \ j_1 = l + bN - \left[\frac{l + bN}{N}\right] \cdot N = l$$

将 $A(k + aN + N, l + bN + N)$ 的行坐标 $k + aN + N$ 代入式(4.17a)，列坐标 $l + bN + N$ 代入式(4.17d)，解得：

$$m_2 = \frac{k + aN + N}{N} = a + 2, \ n_2 = N,$$

$$i_2 = \left[\frac{l + bN + N}{N}\right] + 1 = b + 2, \ j_2 = l + bN + N - \left[\frac{l + bN + N}{N}\right] \cdot N = l$$

综合上述结果可得：

$$(m_1 - i_1)^2 = (a - b)^2 = (m_2 - i_2)^2, \ (n_1 - j_1)^2 = (N - l)^2 = (n_2 - j_2)^2$$

进一步有：

$$(m_1 - i_1)^2 \Delta x^2 + (n_1 - j_1)^2 \Delta y^2 + \Delta z^2 = (m_2 - i_2)^2 \Delta x^2 + (n_2 - j_2)^2 \Delta y^2 + \Delta z^2$$

根据式(4.16)，可得 $A(k + aN, l + bN) = A(k + aN + N, l + bN + N)$。

同理可以证明 $k \neq N, l = N$ 和 $k = N, l = N$ 两种情况下都有 $A(k + aN, l + bN) = A(k + aN + N, l + bN + N)$ 成立。这样就证明了同一对角线上相邻的两个

块矩阵是相同的。由于 a, b 取值的任意性，推理可知同一对角线上的块矩阵都是相同的。因此系数矩阵 A 是分块 Toeplitz 矩阵的结论成立。

第三步：系数矩阵 A 中的每个块矩阵都是 Toeplitz 矩阵。

由第二步可知，任意一个块矩阵可以表示为：$A(k+aN, l+bN)$，$k = 1, 2, \cdots, N$，$l = 1, 2, \cdots, N$，$a, b \in \{0, 1, 2, \cdots, M-1\}$。现在需解决的问题是对于给定的块矩阵，也就是 a, b 给定时，它的对角线元素如何表示，因为我们要证明各个对角线上的元素是常值。简单分析可知，与元素 $A(k+aN, l+bN)$ 在同一条对角线上的相邻元素可以表示为 $A(k+aN+1, l+bN+1)$，为了使 $A(k+aN+1, l+bN+1)$ 有意义，需对 k, l 的取值作如下限制：

$$k = 1, 2, \cdots, N-1; l = 1, 2, \cdots, N-1$$

这样做很容易理解，即 $A(k+aN, l+bN)$ 不能取为该块矩阵最后一行或最后一列的元素，否则 $A(k+aN+1, l+bN+1)$ 表示的将不是该块矩阵的元素，而现在要研究的是一个特定的块矩阵。在上述约定下，k, l 一定不能被 N 整除，而 $k+1$ 和 $l+1$ 则有可能等于 N，即唯一能被 N 整除的情况。下面将分情况证明 $A(k+aN, l+bN) = A(k+aN+1, l+bN+1)$。

证明：给定 a, b，任意取 k, $l \in \{1, 2, \cdots, N-1\}$，有

情形 1：$k+1 \neq N$，$l+1 \neq N$ 时，$\left[\dfrac{k+1}{N}\right] = 0$，$\left[\dfrac{l+1}{N}\right] = 0$

将 $A(k+aN, l+bN)$ 的行坐标 $k+aN$ 代入式(4.17b)，列坐标 $l+bN$ 代入式(4.17d)，解得：

$$m_1 = \left[\frac{k+aN}{N}\right] + 1 = a + 1, \ n_1 = k + aN - \left[\frac{k+aN}{N}\right] \cdot N = k$$

$$i_1 = \left[\frac{l+bN}{N}\right] + 1 = b + 1, \ j_1 = l + bN - \left[\frac{l+bN}{N}\right] \cdot N = l$$

将 $A(k+aN+1, l+bN+1)$ 的行坐标 $k+aN+1$ 代入式(4.17b)，列坐标 $l+bN+1$ 代入式(4.17d)，解得：

$$m_2 = \left[\frac{k+aN+1}{N}\right] + 1 = a + 1, \ n_2 = k + aN + 1 - \left[\frac{k+aN+1}{N}\right] \cdot N = k + 1,$$

$$i_2 = \left[\frac{l+bN+1}{N}\right] + 1 = b + 1, \ j_2 = l + bN + 1 - \left[\frac{l+bN+1}{N}\right] \cdot N = l + 1$$

综合上述结果可得：

$$(m_1 - i_1)^2 = (a-b)^2 = (m_2 - i_2)^2, \ (n_1 - j_1)^2 = (k-l)^2 = (n_2 - j_2)^2$$

根据式(4.16)，可得 $A(k + aN, l + bN) = A(k + aN + 1, l + bN + 1)$。

情形 2：$k + 1 = N, l + 1 \neq N$ 时，$\left[\dfrac{k+1}{N}\right] = 1, \left[\dfrac{l+1}{N}\right] = 0$

将 $A(k + aN, l + bN)$ 的行坐标 $k + aN$ 代入式(4.17b)，列坐标 $l + bN$ 代入式(4.17d)，解得：

$$m_1 = \left[\frac{k + aN}{N}\right] + 1 = a + 1, \ n_1 = k + aN - \left[\frac{k + aN}{N}\right] \cdot N = k = N - 1,$$

$$i_1 = \left[\frac{l + bN}{N}\right] + 1 = b + 1, \ j_1 = l + bN - \left[\frac{l + bN}{N}\right] \cdot N = l$$

将 $A(k + aN + 1, l + bN + 1)$ 的行坐标 $k + aN + 1$ 代入式(4.17a)，列坐标 $l + bN + 1$ 代入式(4.17d)，解得：

$$m_2 = \frac{k + aN + 1}{N} = a + 1, \ n_2 = N,$$

$$i_2 = \left[\frac{l + bN + 1}{N}\right] + 1 = b + 1, \ j_2 = l + bN + 1 - \left[\frac{l + bN + 1}{N}\right] \cdot N = l + 1$$

综合上述结果可得：

$$(m_1 - i_1)^2 = (a - b)^2 = (m_2 - i_2)^2, \ (n_1 - j_1)^2 = (N - 1 - l)^2 = (n_2 - j_2)^2$$

根据式(4.16)，可得 $A(k + aN, l + bN) = A(k + aN + 1, l + bN + 1)$。

同理可以证明 $k + 1 \neq N, l + 1 = N$ 和 $k + 1 = N, l + 1 = N$ 两种情况下都有 $A(k + aN, l + bN) = A(k + aN + 1, l + bN + 1)$ 成立。这样就证明了同一对角线上相邻的两个元素是相等的。由于 k, l 和 a, b 取值的任意性，推理可知任意一个块矩阵，它的每条对角线上的元素都是相等的，因此每个块矩阵都是 Toeplitz 矩阵的结论成立。

第四步：系数矩阵 A 中的每个块矩阵都是对称矩阵。

因为系数矩阵 A 本身是对称矩阵，显然在主对角线位置的块矩阵都是对称矩阵。现在需要证明的是每个块矩阵都是对称矩阵。证明的关键在于寻找关于自身主对角线对称的元素的坐标表示。选取任意一个块矩阵表示为：$A(k + aN, l + bN), k = 1, 2, \cdots, N, l = 1, 2, \cdots, N, a, b \in \{0, 1, 2, \cdots, M - 1\}$

当 a, b 给定，即块矩阵确定时，分析可知，元素 $A(k + aN, l + bN)$ 关于该矩阵主对角线对称位置的元素可以表示为 $A(l + aN, k + bN)$。例如，给定 $a = 0$，$b = 1$，当 $k = 1, l = 2$ 时，容易验证元素 $A(1, 2 + N)$ 关于其主对角线对称位置的元素是 $A(2, 1 + N)$。有了上述结论，下面证明对于任意 $k, l \in \{1, 2, \cdots, N\}$，

都有 $\boldsymbol{A}(k+aN,\ l+bN)=\boldsymbol{A}(l+aN,\ k+bN)$ 成立。

证明：给定 $a,\ b$，任意取 $k,\ l\in\{1,\ 2,\ \cdots,\ N\}$，有

情形 1：$k\neq N,\ l\neq N$ 时，$\left[\dfrac{k}{N}\right]=0,\ \left[\dfrac{l}{N}\right]=0$

将 $\boldsymbol{A}(k+aN,\ l+bN)$ 的行坐标 $k+aN$ 代入式(4.17b)，列坐标 $l+bN$ 代入式(4.17d)，解得：

$$m_1=\left[\frac{k+aN}{N}\right]+1=a+1,\ n_1=k+aN-\left[\frac{k+aN}{N}\right]\cdot N=k,$$

$$i_1=\left[\frac{l+bN}{N}\right]+1=b+1,\ j_1=l+bN-\left[\frac{l+bN}{N}\right]\cdot N=l$$

将 $\boldsymbol{A}(l+aN,\ k+bN)$ 的行坐标 $l+aN$ 代入式(4.17b)，列坐标 $k+bN$ 代入式(4.17d)，解得：

$$m_2=\left[\frac{l+aN}{N}\right]+1=a+1,\ n_2=l+aN-\left[\frac{l+aN}{N}\right]\cdot N=l,$$

$$i_2=\left[\frac{k+bN}{N}\right]+1=b+1,\ j_2=k+bN-\left[\frac{k+bN}{N}\right]\cdot N=k$$

综合上述结果可得：

$$(m_1-i_1)^2=(a-b)^2=(m_2-i_2)^2,\ (n_1-j_1)^2=(k-l)^2=(n_2-j_2)^2$$

进一步有：

$$(m_1-i_1)^2\Delta x^2+(n_1-j_1)^2\Delta y^2+\Delta z^2=(m_2-i_2)^2\Delta x^2+(n_2-j_2)^2\Delta y^2+\Delta z^2$$

根据式(4.16)，可得 $\boldsymbol{A}(k+aN,\ l+bN)=\boldsymbol{A}(l+aN,\ k+bN)$。

情形 2：$k=N,\ l\neq N$ 时，$\left[\dfrac{k}{N}\right]=1,\ \left[\dfrac{l}{N}\right]=0$

将 $\boldsymbol{A}(k+aN,\ l+bN)$ 的行坐标 $k+aN$ 代入式(4.17a)，列坐标 $l+bN$ 代入式(4.17d)，解得：

$$m_1=\frac{k+aN}{N}=a+1,\ n_1=N,$$

$$i_1=\left[\frac{l+bN}{N}\right]+1=b+1,\ j_1=l+bN-\left[\frac{l+bN}{N}\right]\cdot N=l$$

将 $\boldsymbol{A}(l+aN,\ k+bN)$ 的行坐标 $l+aN$ 代入式(4.17b)，列坐标 $k+bN$ 代入式(4.17c)，解得：

$$m_2=\left[\frac{l+aN}{N}\right]+1=a+1,\ n_2=l+aN-\left[\frac{l+aN}{N}\right]\cdot N=l,$$

$$i_2 = \frac{k + bN}{N} = b + 1, \ j_2 = N$$

综合上述结果可得：

$$(m_1 - i_1)^2 = (a - b)^2 = (m_2 - i_2)^2, \ (n_1 - j_1)^2 = (N - l)^2 = (n_2 - j_2)^2$$

进一步有：

$$(m_1 - i_1)^2 \Delta x^2 + (n_1 - j_1)^2 \Delta y^2 + \Delta z^2 = (m_2 - i_2)^2 \Delta x^2 + (n_2 - j_2)^2 \Delta y^2 + \Delta z^2$$

根据式(4.16)，可得 $A(k + aN, l + bN) = A(l + aN, k + bN)$。

同理可以证明 $k \neq N, l = N$ 和 $k = N, l = N$ 两种情况下都有 $A(k + aN, l + bN) = A(l + aN, k + bN)$ 成立。这样就证明了块矩阵是对称矩阵。由于 a, b 取值的任意性，可知任意块矩阵都是对称的。

通过以上四步，证明了系数矩阵 A 是对称的分块 Toeplitz 矩阵，每个矩阵块也是对称的 Toeplitz 矩阵。由上述重要结论可以得到如下推论：

系数矩阵 A 可以由它的第一行元素唯一确定。换句话说，就是只要计算得到 A 的第一行元素，就可以确定 A 其他位置的元素。这一结论将在下一节介绍矩阵 A 与向量相乘的快速算法时用到。

利用式(4.9)计算得到的系数矩阵，同样是对称的 BTTB 矩阵，证明思路与上面的相同。下节给出的 BTTB 矩阵与向量相乘的快速算法，适用于式(4.8)和式(4.10)的快速计算。

4.2　空间域向上延拓 BCE 算法

本节将给出一种快速实现 BTTB 矩阵与向量相乘运算的数值算法[86]，该算法简称为 BCE 算法(block circulant extention)。显然，BCE 算法能够实现位场向上延拓计算式(4.8)和式(4.10)的快速计算，从这种意义上讲，也称空间域向上延拓方法为 BCE 算法。

本节只对 BCE 算法的主要步骤进行描述。用 T 代替 A 表示系数矩阵，目的是计算 Tg。首先引入符号定义一些运算。

定义4.4：给定二维数组 $v \in \mathbb{C}^{n_x n_y}$，按照列排列，可以得到一个向量 $v \in \mathbb{C}^{n_x n_y}$，将这种操作定义为线性算子 vec : $\mathbb{C}^{n_x \times n_y} \rightarrow \mathbb{C}^{n_x n_y}$

$$\mathrm{vec}(v) = [v_{1,1} \cdots v_{n_x,1} v_{1,2} \cdots v_{n_x,2} \cdots v_{1,n_y} \cdots v_{n_x,n_y}]^{\mathrm{T}}$$

将上述过程的反过程定义为算子 vec 的逆算子 array : $\mathbb{C}^{n_x n_y} \rightarrow \mathbb{C}^{n_x \times n_y}$，即：

$$\text{array}\big[\,\text{vec}(\boldsymbol{v})\,\big]=\boldsymbol{v}\,,\ \text{vec}\big[\,\text{array}(\boldsymbol{v})\,\big]=\boldsymbol{v}$$

在定义 4.3 中，给出了二维数组 $\boldsymbol{t}\in\mathbb{C}^{(2n_x-1)\times(2n_y-1)}$，并将分块 Toeplitz 矩阵表示为 $\boldsymbol{T}=\text{bttb}(\boldsymbol{t})$，这表明了 $\boldsymbol{T}$ 和 $\boldsymbol{t}$ 的内在联系。在算法实现时，无须存储 $\boldsymbol{T}$，而只需要存储 $\boldsymbol{t}$ 即可。根据上节给出的推论，简单分析可知，只需要计算出 $\boldsymbol{T}$ 的第一行元素，就可以确定 $\boldsymbol{t}$。而利用 BCE 算法实现 BTTB 矩阵与向量的相乘运算时，只需要知道 $\boldsymbol{t}$，这样系数矩阵的海量存储难题就解决了。

将二维数组 $\boldsymbol{t}\in\mathbb{C}^{(2n_x-1)\times(2n_y-1)}$ 扩展成为 $(2n_x)\times(2n_y)$ 维数组 $\tilde{\boldsymbol{t}}$，方法如下：

$$\tilde{\boldsymbol{t}}=\begin{bmatrix} 0 & 0 & \cdots & 0 & \cdots & 0 \\ 0 & t_{1-n_x,\,1-n_y} & \cdots & t_{1-n_x,\,0} & \cdots & t_{1-n_x,\,n_y-1} \\ \vdots & \vdots & \vdots & \vdots & \vdots & \vdots \\ 0 & t_{0,\,1-n_y} & \cdots & t_{0,\,0} & \cdots & t_{0,\,n_y-1} \\ \vdots & \vdots & \vdots & \vdots & \vdots & \vdots \\ 0 & t_{n_x-1,\,1-n_y} & \cdots & t_{n_x-1,\,0} & \cdots & t_{n_x-1,\,n_y-1} \end{bmatrix} \tag{4.18}$$

将 $\tilde{\boldsymbol{t}}$ 分成四个 $n_x\times n_y$ 块矩阵：

$$\tilde{\boldsymbol{t}}=\begin{bmatrix} \tilde{t}_{11} & \tilde{t}_{12} \\ \tilde{t}_{21} & \tilde{t}_{22} \end{bmatrix} \tag{4.19}$$

重新排列块矩阵，得到：

$$\boldsymbol{c}^{\text{ext}}=\begin{bmatrix} \tilde{t}_{22} & \tilde{t}_{21} \\ \tilde{t}_{12} & \tilde{t}_{11} \end{bmatrix} \tag{4.20}$$

根据定义 4.4，由向量 $\boldsymbol{g}\in\mathbb{C}^{n_x n_y}$，构造二维数组 $\boldsymbol{g}=\text{array}(\boldsymbol{g})\in\mathbb{C}^{n_x n_y}$。将 $\boldsymbol{g}$ 扩展得到 $\boldsymbol{g}^{\text{ext}}\in\mathbb{C}^{(2n_x)\times(2n_y)}$

$$\boldsymbol{g}^{\text{ext}}=\begin{bmatrix} g & 0_{n_x\times n_y} \\ 0_{n_x\times n_y} & 0_{n_x\times n_y} \end{bmatrix} \tag{4.21}$$

这里，用 fft2( ) 表示纯数学上的二维数组的快速傅里叶变换运算符，用 ifft2( ) 表示快速傅里叶反变换运算符。根据上述定义和运算符号，将实现 $\boldsymbol{f}=\boldsymbol{T}\boldsymbol{g}$ 的 BCE 算法见算法 4.1。

算法 4.1　BTTB 矩阵与向量相乘 BCE 算法

---

1. 根据式(4.18)、式(4.19)和式(4.20)，构建 c^{ext}；
2. $\widehat{c}^{\text{ext}} = \text{fft2}(c^{\text{ext}})$；
3. 根据式(4.21)，由 g 扩展得到 g^{ext}；
4. $\widehat{g}^{\text{ext}} := \text{fft2}(g^{\text{ext}})$；
5. $\widehat{f}^{\text{ext}} := \widehat{c}^{\text{ext}}.*\widehat{g}^{\text{ext}}$
6. $f^{\text{ext}} := \text{ifft2}(\widehat{f}^{\text{ext}})$；
7. 提取 f^{ext} 的前 n_x 行和 n_y 列元素，获得 f，则 $f = \text{vec}(f)$。

4.3　BCE 算法的性能分析

为便于对比，本节采用与检验频率域 GFT 算法相同的模型数据和实测数据，对 BCE 算法进行检验。本书中给出了两种空间域离散化方法，对应有两种空间域向上延拓计算方法，这两种计算方法都可以借助 BCE 算法快速实现。为叙述方便，称式(4.8)对应的方法为方法一，简记为 BCE-M1 算法，称式(4.10)对应的方法为方法二，简记为 BCE-M2 算法。

4.3.1　球体组合模型检验

球体组合模型的介绍及模型参数见附录 A。选取的观测区域范围为：X 方向 $-11160 \sim 11160$，Y 方向 $-11160 \sim 11160$；采样点距：$\Delta x = 20$ m，$\Delta y = 20$ m。观测数据维数为 1117×1117。球体组合模型生成的 $z = 0$ m 和 $z = -400$ m 两个高度平面理论磁异常数据等值线图分别如图 3.7(a)和图 3.7(b)所示。采用 BCE-M1 算法和 BCE-M2 算法分别将 $z = 0$ m 高度面数据向上延拓至 $z = -400$ m，结果如图 4.2(a)和图 4.2(b)所示。BCE-M1 算法程序运行时间约为 5 s，BCE-M2 算法程序运行时间约为 32 s，虽然相比 GFT 算法，两种 BCE 算法效率稍低，但考虑到数据的规模，这样的效率还是比较高的。并且，BCE 算法用时稍长的主要原因是计算加权系数。当 BCE 算法用于向下延拓问题的求解时，只需计算一次加权系数，就能保证基于 BCE 算法的向下延拓算法的效率。从形态上看，BCE 算法延拓结果与理论值是一致的。将图 4.2(a)和图 4.2(b)所示延拓结果分别与图 3.7(a)所示理论值作差，误差统计值见表 4.1。对比表 4.1、表 3.1 和表 3.2 给出的结果，可以看出,当观测数据不含噪声时,两种 BCE 算法延拓结果精度相当,且都较高,略优于 GFT 算法。

表4.1　BCE 算法向上延拓结果误差统计值(球体组合模型,无噪声)

算法	最大值/nT	最小值/nT	均方根/nT
BCE-M1(无噪声)	1.11	-1.51	0.17
BCE-M2(无噪声)	1.11	-1.51	0.17

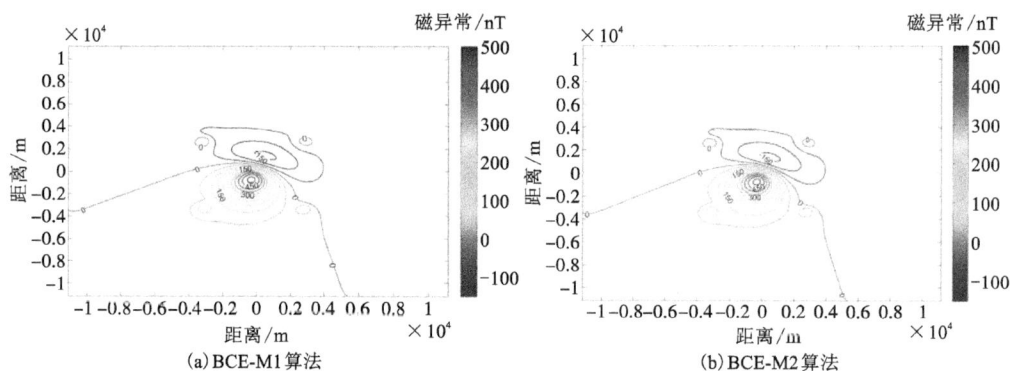

(a)BCE-M1算法　　　　　　(b)BCE-M2算法

图4.2　BCE 算法向上延拓(球体组合模型,无噪声)

(扫目录页二维码查看彩图)

观测数据中加入 20 dB 的高斯白噪声后,两种 BCE 算法延拓结果如图4.3(a)和图4.3(b)所示。BCE-M1 算法程序运行时间约为 5 s,BCE-M2 算法程序运行时间约为 32 s。从形态上看,BCE 算法延拓结果与理论值是一致的。将图4.3(a)和图4.3(b)所示延拓结果分别与图3.7(a)所示理论值作差,误差统计值见表4.2。对比表4.2和表4.1中给出的数据,可以看出,BCE 算法是稳定的,在观测数据含有噪声的情况下,BCE 算法延拓结果仍具有很高的精度。与表3.2给出的 GFT 算法结果对比,可以看出,BCE 算法略优于 GFT 算法。

表4.2　BCE 算法向上延拓结果误差统计值(球体组合模型,无噪声)

算法	最大值/nT	最小值/nT	均方根/nT
BCE-M1(含噪声)	1.14	-1.59	0.19
BCE-M2(含噪声)	1.14	-1.59	0.19

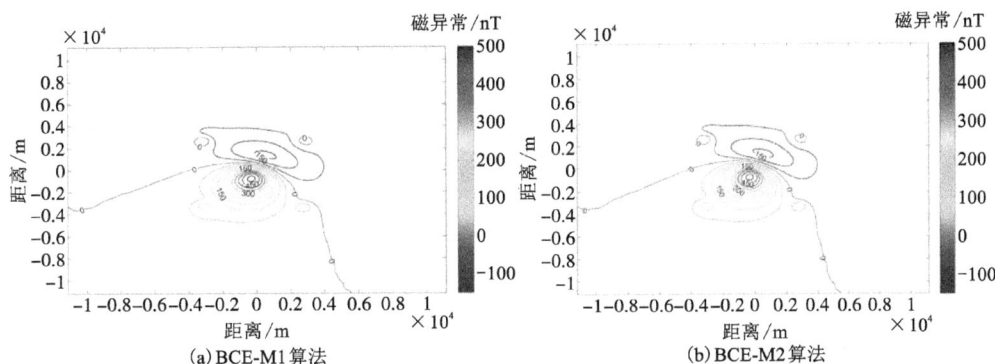

(a)BCE-M1算法　　　　　　　　(b)BCE-M2算法

图 4.3　BCE 算法向上延拓(球体组合模型,含噪声)

(扫目录页二维码查看彩图)

4.3.2　实测数据检验

利用附录 A 给出的实测磁异常数据对 BCE 算法进行检验。$z = 0$ m 和 $z = -195$ m 两个高度面磁异常等值线图分别如图 3.8(a)和图 3.8(b)所示。采用两种 BCE 算法将 $z = 0$ m 高度面磁异常向上延拓至 $z = -195$ m,结果如图 4.4(a)和图 4.4(b)所示。从形态上看,延拓结果与图 3.8(b)(实测值)是一致的。将延拓结果与实测值作差,误差统计值见表 4.3。对比表 4.3、附录 A 中表 A.2 和表 3.3,可以看出,BCE 算法向上延拓结果精度高,且与 GFT 算法延拓结果精度相当。

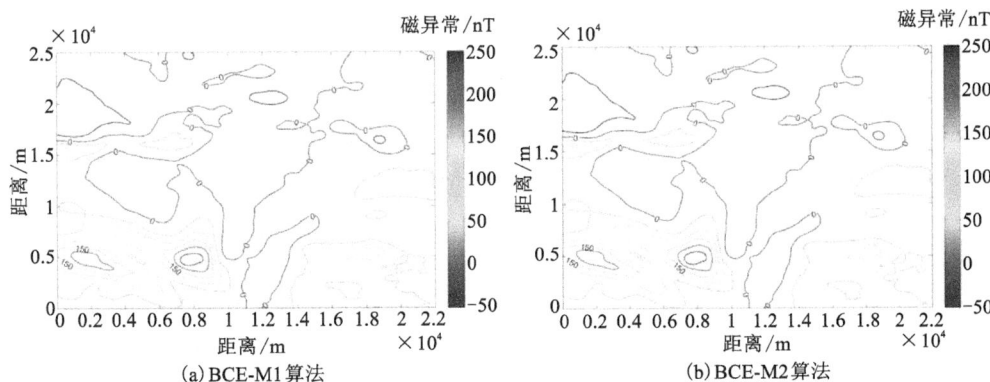

(a)BCE-M1算法　　　　　　　　(b)BCE-M2算法

图 4.4　BCE 算法向上延拓(实测数据一)

(扫目录页二维码查看彩图)

表 4.3　BCE 算法向上延拓结果误差统计值(实测数据一)

算法	最大值/nT	最小值/nT	均方根/nT
BCE-M1	32.08	-58.35	5.17
BCE-M2	32.03	-58.35	5.17

4.3.3　两种 BCE 算法对比分析

在研究过程中发现,当延拓距离较小时,BCE-M1 算法延拓结果误差很大,而 BCE-M2 算法延拓结果精度很高;当延拓距离较大时,两种算法延拓结果精度几乎相同,这点可以由 4.3.1 节给出的球体组合模型检验结果看出(算例中向上延拓高度为 20 倍点距)。采用同样的球体组合模型,采用两种 BCE 算法,将 $z=0$ m 高度面数据向上延拓 5 m(相当于 0.5 倍点距),结果如图 4.5(a)和图 4.5(b)所示,延拓面理论磁异常如图 4.5(c)所示。将延拓结果与理论值作差,误差统计值见表 4.4。从表中给出的结果可以看出,当延拓距离较小时,BCE-M1 算法延拓结果误差很大,而 BCE-M2 算法延拓结果精度很高。

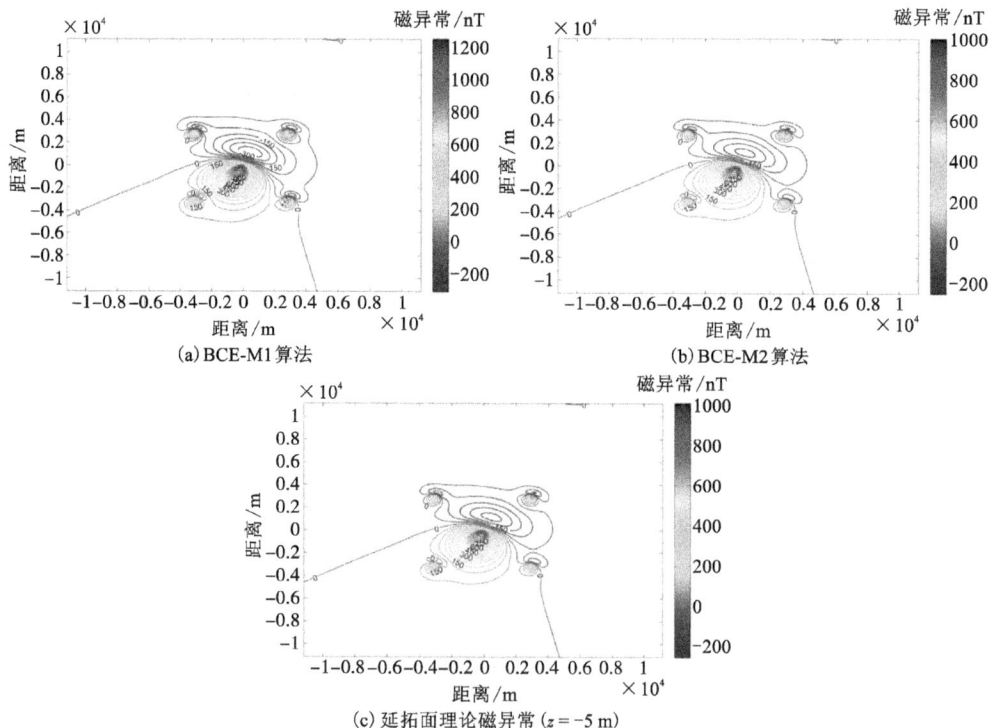

(a)BCE-M1 算法

(b)BCE-M2 算法

(c)延拓面理论磁异常($z=-5$ m)

图 4.5　BCE 算法向上延拓(球体模型数据)

(扫目录页二维码查看彩图)

对两种 BCE 算法的上述特性作如下分析。由式(4.8)和式(4.10)可知，BCE-M1 算法和 BCE-M2 算法最主要的区别在于加权系数的计算方法不同。加权系数要通过式(4.5)给出的加权积分计算得到，BCE-M1 算法是通过采用近似的数值求积公式(4.6)得到，而 BCE-M2 算法是根据式(4.5)的解析解[式(4.9)]准确计算得到的。仔细分析式(4.6)和式(4.9)，可以发现，与计算点具有相同水平坐标(即计算点垂直下方)的观测面上的场值的加权系数值最大。

表 4.4　BCE 算法向上延拓结果误差统计值(球体模型数据)

算法	最大值/nT	最小值/nT	均方根/nT
BCE-M1	64.34	−246.63	17.24
BCE-M2	0.71	−0.93	0.03

计算点取为(0,0)时，可以将加权系数通过三维图形显示出来。向上延拓 0.5 倍点距和 20 倍点距时，BCE-M1 算法和 BCE-M2 算法对应的加权系数分别如图 4.6 和图 4.7 所示。由图中可以看到，大部分位置处的加权系数都很小，加权系数较大值都集中在 (0,0) 附近，最大加权系数出现在观测点 (0,0) 处。两种情况下 BCE-M1 算法和 BCE-M2 算法在 (0,0) 处的加权系数见表 4.5。表 4.6 给出了两种算法中加权系数差值的统计值。对比表 4.5 和表 4.6，可以发现，加权系数最大差值主要是由 (0,0) 处的加权系数差值决定的。当延拓距离较小时，两种算法计算得到的加权系数相差较大，导致 BCE-M1 算法延拓结果产生较大的误差；而当延拓距离较大时，两种算法计算得到的加权系数相差很小，所以，这种情况下两种算法延拓结果精度几乎相同。

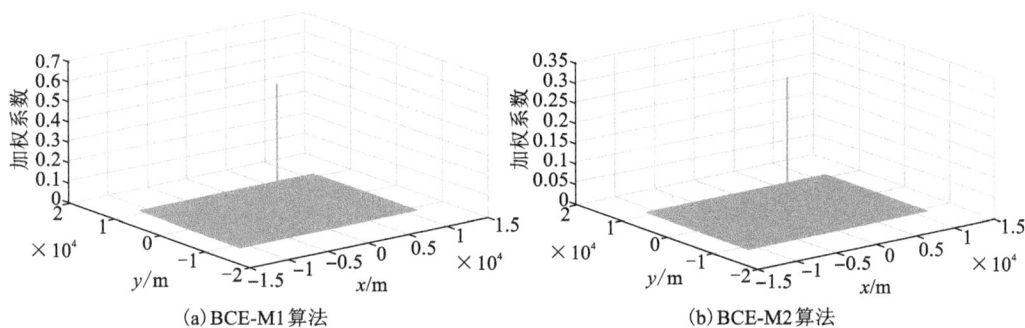

(a) BCE-M1 算法　　(b) BCE-M2 算法

图 4.6　加权系数(向上延拓 0.5 倍点距)

表 4.5　原点位置加权系数

起点	BCE-M1	BCE-M2	误差
0.5 倍点距	0. 636619772367581	0. 333333333333333	0. 303286439034248
20 倍点距	3. 978873577297383×10^{-4}	3. 976388593144495×10^{-4}	2. 484984152888062×10^{-7}

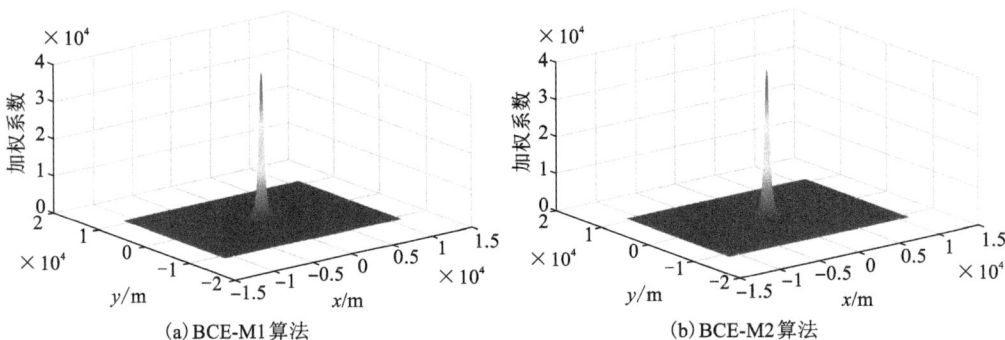

(a)BCE-M1算法　　　　　　　　　(b)BCE-M2算法

图 4.7　加权系数(向上延拓 20 倍点距)

(扫目录页二维码查看彩图)

表 4.6　加权系数误差统计值

点距	最大值	最小值	均方根
0.5 倍点距	0. 303286439034248	−0. 010450189645330	2. 722590743404509×10^{-4}
20 倍点距	2. 484984152888062×10^{-7}	−1. 281282276850986×10^{-8}	2. 546186841489775×10^{-9}

4.4　频率域方法与空间域方法之间的联系

频率域 GFT 算法和空间域 BCE 算法的理论支撑都是平面延拓积分方程[式(4.1)],它们的区别在于数值方法实现过程不同,两种方法的实现过程如图 4.8 所示。本节希望从理论上推导出频率域方法和空间域方法对应的数值算法之间的关系。

为方便对比,重新将空间域数值计算公式(4.8)写在这里:

$$f(x_m, y_n) \approx \frac{\Delta z}{2\pi} \sum_{i=0}^{M-1} \sum_{j=0}^{N-1} \frac{g(\xi_i, \eta_j) \Delta x \Delta y}{\left[(x_m - \xi_i)^2 + (y_n - \eta_j)^2 + \Delta z^2 \right]^{3/2}} \tag{4.22}$$

由式(2.19)给出的边界积分核函数也重新写在这里:

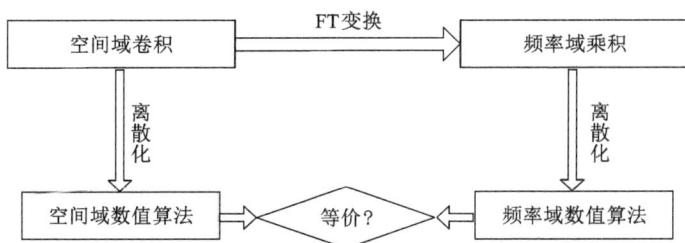

图 4.8 空间域与频率域平面位场向上延拓实现过程简图

$$k(x, y) = \frac{\Delta z}{2\pi} \cdot \frac{1}{(x^2 + y^2 + \Delta z^2)^{3/2}} \qquad (4.23)$$

结合式(4.23), 式(4.22)可表示为

$$f(x_m, y_n) \approx \Delta x \Delta y \sum_{r=0}^{M-1} \sum_{s=0}^{N-1} k(x_m - \xi_r, y_n - \eta_s) g(\xi_r, \eta_s) \qquad (4.24)$$

为了与空间域计算公式(4.24)的符号相对应, 将频率域计算公式(3.53)重新记为

$$f(x_m, y_n) \approx$$

$$\Delta x \Delta y \sum_{r=0}^{M-1} \sum_{s=0}^{N-1} \left[\frac{1}{4\pi^2} \sum_{p=-M/2}^{M/2-1} \sum_{q=-N/2}^{N/2-1} e^{-\Delta z \sqrt{(p\Delta k_x)^2 + (q\Delta k_y)^2}} e^{i[p\Delta k_x(x_m - \xi_r) + q\Delta k_y(y_n - \eta_s)]} \Delta k_x \Delta k_y \right] g(\xi_r, \eta_s)$$

$$(4.25)$$

可以这样来理解空间域计算公式(4.24)和频率域计算公式(4.25): 它们都是利用观测面位场数据 $g(\xi_r, \eta_s)$ 来近似计算延拓面位场数据 $f(x_m, y_n)$。虽然都是近似计算, 但两个公式近似计算的结果有所不同。现在分析式(4.24)和式(4.25)的联系, 揭示两个公式计算结果为何不同。

已知积分核函数 $k(x, y)$ 与频率域上延算子 $e^{-\Delta z \sqrt{k_x^2 + k_y^2}}$ 是傅里叶正反变换对关系, 根据傅里叶反变换定义式(3.28), 可得如下关系

$$k(x, y) = \frac{1}{4\pi^2} \int_{-\infty}^{\infty} \int_{-\infty}^{\infty} e^{-\Delta z \sqrt{k_x^2 + k_y^2}} e^{i(k_x x + k_y y)} dk_x dk_y \qquad (4.26)$$

进行变量代换, 由式(4.26)进一步可得

$$k(x_m - \xi_r, y_n - \eta_s) = \frac{1}{4\pi^2} \int_{-\infty}^{\infty} \int_{-\infty}^{\infty} e^{-\Delta z \sqrt{k_x^2 + k_y^2}} e^{i[k_x(x_m - \xi_r) + k_y(y_n - \eta_s)]} dk_x dk_y \qquad (4.27)$$

采用数值积分中的矩形公式法对式(4.27)进行离散化, 可得

$$k(x_m - \xi_r, y_n - \eta_s) \approx \frac{1}{4\pi^2} \sum_{p=-M/2}^{M/2-1} \sum_{q=-N/2}^{N/2-1} e^{-\Delta z \sqrt{(p\Delta k_x)^2 + (q\Delta k_y)^2}} e^{i[p\Delta k_x (x_m - \xi_r) + q\Delta k_y (y_n - \eta_s)]} \Delta k_x \Delta k_y$$

$$(4.28)$$

式(4.28)清楚地揭示了空间域计算公式(4.24)和频率域计算公式(4.25)之间的联系：两个计算公式是不等价的，即根据它们计算得到的延拓结果是有差异的。进一步分析式(4.28)可知，产生差异的根源体现在离散化的积分核函数与离散化的频率域上延算子之间的关系上。从理论上讲，频率域上延算子经过傅里叶变换可以得到积分核函数，但是由离散化的频率域上延算子只能近似计算得到积分核函数的离散值，反之亦然。从某种意义上讲，离散化是位场数据变换(延拓、求导等)产生误差的重要原因之一，这是不可避免的，因为观测数据是离散的。

上述分析过程中，若空间域公式采用式(4.10)代替式(4.8)，会得到类似的结论。

4.5 本章小结

本章较系统地研究了位场向上延拓空间域求解方法的理论基础和快速算法。在常用的向上延拓积分离散化方法基础上，提出了一种新的向上延拓积分离散化方法；对向上延拓离散计算公式进行规范化表示，将延拓问题表示为线性代数方程组；从数学上证明了系数矩阵是对称的 BTTB 矩阵；引入 BTTB 矩阵与向量相乘的快速算法(BCE 算法)，实现了空间域位场向上延拓。数值实验结果表明，BCE 算法效率高，延拓结果精度高。从数学上推导出了向上延拓频率域方法和空间域方法之间的关系，结果表明两种方法并不等价，具有很微妙的关系。空间域内向上延拓的实现，为研究新的向下延拓问题求解方法奠定了基础。

第5章 平面位场向下延拓空间域 CGLS-BCE 算法

在第 4 章空间域平面位场向上延拓问题研究成果的基础上，本章将较系统地探讨如何在空间域内求解平面位场向下延拓问题。

5.1 系数矩阵病态性分析

在空间域内求解平面向下延拓问题与求解向上延拓问题的过程是类似的，都是通过将边界积分式(4.1)离散化，将问题转化成线性代数问题求解。4.1.1.1节给出了具体的离散化边界积分式(4.1)的过程，得到延拓问题的矩阵形式：

$$Ag = f \tag{5.1}$$

在向上延拓问题中，已知的是系数矩阵 A 和观测数据 g，求解 f。在向下延拓问题中，观测数据为 f，是根据 A 和 f，求解 g。向下延拓问题转变为求解线性代数方程组(5.1)。为此，需要进一步了解矩阵 A 的"适定性"，即它是良态矩阵还是病态矩阵，这点对于如何求解式(5.1)是很重要的。

由于向下延拓问题本身是不适定问题，自然会得出矩阵 A 是病态的结论，但这点还需要从理论上严格证明。根据矩阵扰动分析理论，矩阵 A 的适定性可以由它的条件数 $\kappa(A)$ 来表征。矩阵条件数 $\kappa(A)$ 一般定义为

$$\kappa(A) = \|A\|_2 \cdot \|A^{-1}\|_2 \tag{5.2}$$

式中，$\parallel \ \parallel_2$ 表示矩阵的 2-范数。

如果矩阵 A 是正定矩阵（即矩阵的特征值都为正数），则由式（5.2）可进一步得到

$$\kappa(A) = \frac{\lambda_{\max}}{\lambda_{\min}} \tag{5.3}$$

式中，$\lambda_{\max}$ 和 $\lambda_{\min}$ 分别表示矩阵 A 的最大和最小特征值。

想要计算矩阵的条件数，首先要得到矩阵的特征值。在向下延拓问题中，系数矩阵 A 的维数很大，这样就面临计算大型矩阵特征值的问题。目前，存在几种优秀的计算大型矩阵特征值的数值算法，这些算法一般要求矩阵能够与向量实现快速相乘运算。显然，向下延拓问题中系数矩阵 A 是满足此条件的。这里采用了一种完全再正交化的 Lanczos 算法（Lanczos with full reorthogonalization）[87]，如算法 5.1 所示。

算法 5.1　求 $A = A^{\mathrm{T}}$ 的特征值的完全再正交化 Lanczos 算法

---

1. $q_1 = g/\parallel g \parallel_2$, $\beta_0 = 0$, $q_0 = 0$

2. 开始循环 $j = 1$ to k

3. $z = Aq_j$

4. $\alpha_j = q_j^{\mathrm{T}} z$

5. $z = z - \displaystyle\sum_{i=1}^{j-1} (z^{\mathrm{T}} q_i) q_i$（正交化）

6. $z = z - \displaystyle\sum_{i=1}^{j-1} (z^{\mathrm{T}} q_i) q_i$（再正交化）

7. $\beta_j = \parallel z \parallel_2$

8. if $\beta_j = 0$, quit

9. $q_{j+1} = z/\beta_j$

10. 结束循环

11. 构造三对角矩阵 T_k，计算 T_k

上述算法描述中，所构造的三对角矩阵 T_k 具有如下形式

$$T_k = \begin{bmatrix} \alpha_1 & \beta_1 & & \\ \beta_1 & \ddots & \ddots & \\ & \ddots & \ddots & \beta_{k-1} \\ & & \beta_{k-1} & \alpha_k \end{bmatrix}$$

式中,参数 k 表示由算法计算得到矩阵 A 的 k 个特征值。

完全再正交化 Lanczos 算法的核心思想是用三对角矩阵 T_k 的 k 个特征值(即该矩阵全部特征值)来逼近矩阵 A 的 k 个特征值,而三对角矩阵 T_k 是特殊的稀疏矩阵,计算三对角矩阵 T_k 的特征值容易得多。算法 5.1 中最大的计算量是计算 Aq_j,采用 BCE 算法很容易实现 Aq_j 的快速计算。所以,当设定的特征值个数 k 远远小于系数矩阵 A 的维数时,算法的效率是很高的。

关于算法的收敛性,有如下结论:极端特征值,即最大的和最小的特征值首先收敛,而内部的特征值最后收敛,并且收敛是单调的。[87]

下面给出利用 Lanczos 算法计算系数矩阵 A 的特征值的相关数值实验。实验设置为:观测数据的网格间距取 $\Delta x = \Delta y = 100$,观测数据个数为 $M = N = 200$,延拓距离取 $\Delta z = 5\Delta x$ 和 $\Delta z = 10\Delta x$ 两种情况。根据上述参数,采用式(4.16)或者式(4.9),可以计算得到系数矩阵 A 的每个元素,系数矩阵 A 的维数为 $(4 \times 10^4) \times (4 \times 10^4)$。利用算法 5.1 计算 A 的 1000 个特征值。图 5.1 所示为 $\Delta z = 10\Delta x$ 情况下,完全再正交化 Lanczos 算法作用于系数矩阵 A,兰乔斯步为 100 时①部分特征值的收敛结果。其中,图 5.1(a)所示为前四个特征值(特征值按照从大到小排列)的收敛情况,其中"+"表示的是最大特征值的收敛情况,可以看到它的收敛速度是很快的,且其数值大于零;图 5.1(b)所示为后四个特征值的收敛情况,其中"+"表示的是最小特征值的收敛情况,可以看到它的收敛速度也很快,它的数值很小,趋近于零,但仍大于零。根据上述计算得到的最大和最小特征值,可以得到这样一个结论:系数矩阵 A 是接近奇异的正定矩阵。

由于系数矩阵 A 是正定矩阵,所以可以根据式(5.3)计算得到它的条件数。在 $\Delta z = 5\Delta x$ 时,系数矩阵 A 的 1000 个特征值分布如图 5.2(a)所示,最大特征值为 $\lambda_{max} = 0.9154$,最小特征值为 $\lambda_{min} = 1.0615 \times 10^{-7}$,计算得到条件数为 $\kappa(A) = 8.624 \times 10^6$。在 $\Delta z = 10\Delta x$ 时,系数矩阵 A 的 1000 个特征值分布如图 5.2(b)所示,最大特征值为 $\lambda_{max} = 0.8418$,最小特征值为 $\lambda_{min} = 1.6448 \times 10^{-9}$,计算得到条件数为 $\kappa(A) = 5.118 \times 10^8$。由两种情况下计算得到的系数矩阵 A 的条件数可知,系数矩阵 A 是病态的,且病态程度与延拓距离有关。

---

①　该算法是逐步增大 k(视为整数变量,称为兰乔斯步)来扩大三对角矩阵 T_k 的维数,进而得到设定的个数的特征值。

利用完全再正交化 Lanczos 算法，通过数值实验，比较清楚地看到系数矩阵 **A** 是病态矩阵。因此，在空间域求解位场向下延拓问题就是解一个高维的病态线性代数方程。

完全再正交化 Lancos 算法应用于**A**的100步

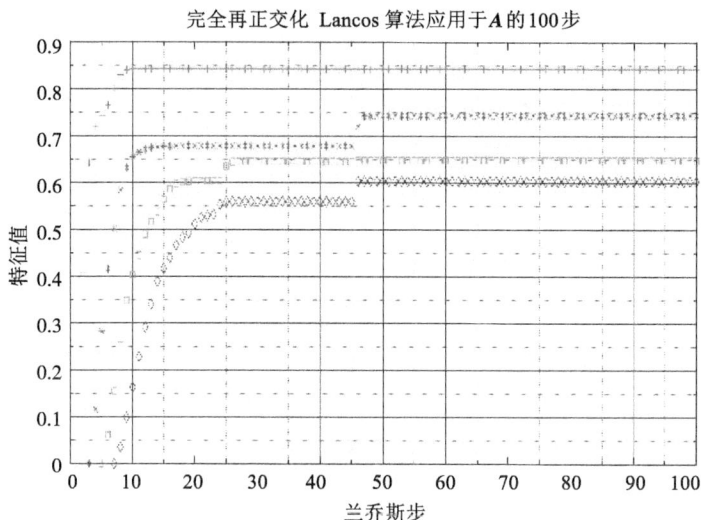

(a) 前四个特征值

完全再正交化 Lancos 算法应用于**A**的100步

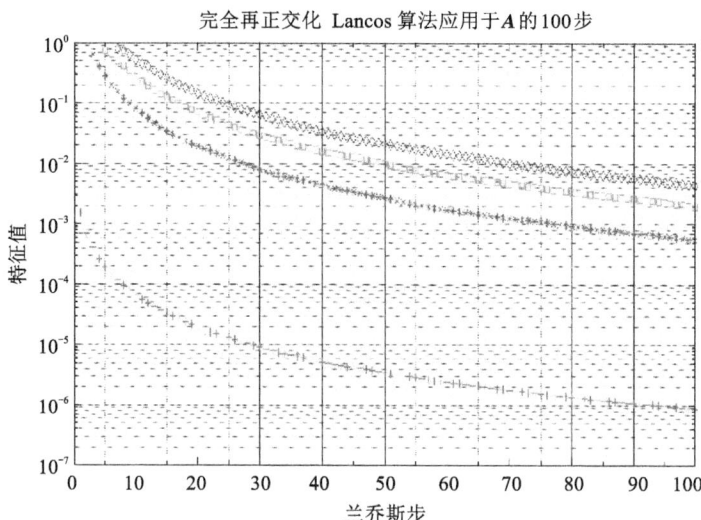

(b) 后四个特征值

图 5.1 完全再正交化 Lancos 算法作用于系数矩阵 A 时部分特征值收敛情况

(扫目录页二维码查看彩图)

(a) $\Delta z = 5\Delta x$

(b) $\Delta z = 10\Delta x$

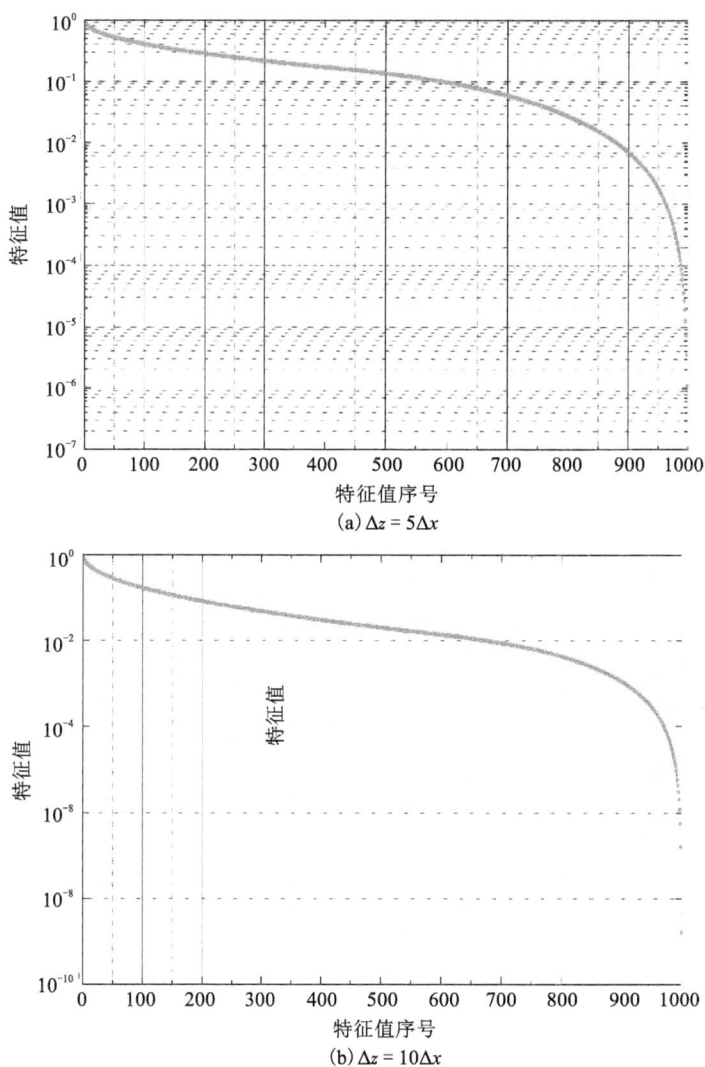

图 5.2　完全再正交化 Lancos 算法计算得到的系数矩阵 A 的部分特征值

(扫目录页二维码查看彩图)

5.2　空间域内求解向下延拓问题的研究思路

对高维病态线性代数方程求解问题，已有很多人进行了研究[31, 86, 88-91]。深入分析这类问题的解决方法，结合位场延拓问题特点，可以总结出如下平面位场向下延拓问题空间域内求解的研究思路：

空间域向下延拓方法 = 优化泛函 + 迭代算法

上述方法框架包括两大核心内容：其一，将向下延拓问题转化为优化问题。将病态问题转化为优化问题求解，这样做本质上与正则化方法一致，较好地解决了病态问题。从信息融合的角度来看待优化问题，可以这样理解，即融入有关解的先验信息，是正则化方法行之有效的关键所在。以这样的方式看待病态问题的求解过程，能够拓宽问题的解决思路。其二，利用合适的迭代方法对优化问题进行求解。对于大型矩阵方程求解来说，迭代方法可以避免矩阵求逆，算法易于在计算机上实现，并且迭代方法表现出正则化方法的特性，适合病态矩阵方程的求解。

5.2.1 优化泛函的构造

将病态问题转化为优化问题的关键是构造优化泛函。从信息融合的角度看，需要把先验信息以数学的形式表达出来，并将其作为约束条件融入优化问题。最简单的优化问题是传统的最小二乘问题，其对应的优化泛函为：

$$J_1[\boldsymbol{g}] = \frac{1}{2}\|\boldsymbol{A}\boldsymbol{g} - \boldsymbol{f}\|_2^2 \tag{5.4}$$

上式给出的优化泛函，只寻求解的拟合误差最小化，并没有融入关于解的先验或者后验信息的约束。一般认为，利用最小二乘方法求解病态方程存在一定的问题。事实上，对应式(5.4)的理论最优解为：

$$\boldsymbol{g} = (\boldsymbol{A}^{\mathrm{T}}\boldsymbol{A})^{-1}\boldsymbol{A}^{\mathrm{T}}\boldsymbol{f} \tag{5.5}$$

对于高维病态矩阵而言，式(5.4)给出的解首先不易于在计算机上进行数值计算；其次由扰动分析理论可知，这样的解是不稳定的。但是，如果将最小二乘问题与迭代方法相结合，采用迭代的方式去逼近最优解，不但可以解决计算量问题，而且通过选择适当的迭代次数，可以获得较高精度的解[91]。

泛函[式(5.4)]是构造其他优化泛函的基础，其他泛函可以看作有关解的先验信息约束与泛函[式(5.4)]的组合。加入何种关于解的先验信息，需要事先对解的特点有清楚的认识，或者说对解所对应的物理量的特点有清楚的认识，先验信息约束要满足实际物理意义。对于位场延拓问题而言，解所对应的物理量是位场，对位场特点的深入了解，将有助于施加合适的约束条件。最简单的先验信息约束是关于解的幅值的约束，对应的优化泛函有：

$$J_2[\boldsymbol{g}] = \frac{1}{2}\|\boldsymbol{A}\boldsymbol{g} - \boldsymbol{f}\|_2^2 + \frac{1}{2}\alpha\|\boldsymbol{g}\|_2^2 \tag{5.6}$$

位场随空间位置的变化是平滑的。从数学的角度，可以用函数的一阶导数和二阶导数来刻画信号的平滑度[89]。对应离散情况，可以构造优化泛函

$$J_3[g] = \frac{1}{2}\|Ag - f\|_2^2 + \frac{1}{2}\alpha\|Dg\|_2^2 \qquad (5.7)$$

$$J_3[g] = \frac{1}{2}\|Ag - f\|_2^2 + \frac{1}{2}\alpha\|Lg\|_2^2 \qquad (5.8)$$

式 (5.7) 中的矩阵 D 为一阶差分矩阵，式 (5.8) 中的矩阵 L 为二阶差分矩阵[89]。

在信号处理领域，人们还研究了许多其他种类的信号约束。其中一种是对信号总变分 (total variation) 的约束，对应的优化泛函为

$$J_5[g] = \frac{1}{2}\|Ag - f\|_2^2 + \frac{1}{2}\alpha TV(g) \qquad (5.9)$$

式中，向量 g 与数组 g 之间的转换关系由定义 4.4 给出。二维信号 g 的总变分的定义为[86]

$$TV(g) = \sum_{i=1}^{M-1}\sum_{j=1}^{N-1}\sqrt{\left[\frac{g(i+1, j) - g(i, j)}{\Delta x}\right]^2 + \left[\frac{g(i, j+1) - g(i, j)}{\Delta y}\right]^2}$$

$$(5.10)$$

信号的总变分约束可以视为一种对信号能量的约束。近年来，信号处理领域出现了一种新的信号处理理论——压缩感知理论 (compressed sensing theory)。该理论主要研究一大类具有稀疏性的信号的压缩、重构问题。信号的稀疏性是用信号在某种变换 (如傅里叶变换、小波变换) 下的变换系数的 1-范数度量的。若认为位场信号在傅里叶变换下是稀疏的，则可以构造如下基于信号"稀疏性"约束的优化泛函：

$$J_6[g] = \frac{1}{2}\|Ag - f\|_2^2 + \alpha\|Fg\|_1 \qquad (5.11)$$

式中，矩阵 F 表示离散傅里叶变换矩阵。

文献 [92] 将信号的"稀疏性"约束引入地球物理反问题求解中，得到一些有益的结果。但是，位场信号是否是稀疏的，还有待理论证明。

文献 [49] 根据小波多尺度边缘检测理论，分析了重力场信号的多尺度边缘特性，提出了基于多尺度边缘约束的重力场信号向下延拓方法，文献 [50] 将多尺度边缘约束用于地磁场信号向下延拓。显然，多尺度边缘特性可以看作一种关于位场的先验信息，根据两篇文献给出的数值实验结果，加入此约束后向下延拓过程

的稳定性得到了改善。

上述优化泛函构造过程中引入的约束,都属于对解的定性约束。在空间域求解位场向下延拓问题,还可以引入对解的定量约束。所谓定量约束,指的是延拓面上某些位置的位场值已经通过观测得到,用这些已知值对向下延拓结果进行约束。从数学的角度讲,这样的优化问题可表示为

$$g = \text{argmin} \|Ag - f\|_2^2, \text{ st. } Sg = g^{\text{obv}}$$

由优化理论可知,上述优化问题可以转化为如下优化泛函求极值问题:

$$J_7[g] = \frac{1}{2} \left\| \begin{bmatrix} A \\ S \end{bmatrix} g - \begin{bmatrix} f \\ g^{\text{obv}} \end{bmatrix} \right\|_2^2 \tag{5.12}$$

综上所述,从信息融合的观点来看,解决病态问题的关键在于融入关于解的定性或者定量的先验信息。在地球物理反演问题研究中出现的联合反演方法(joint inversion method),其思路就是融合尽可能多的先验信息,以保证反演结果的可靠性。

基于不同先验信息,可以构造出多种多样的优化泛函。根据大量数值实验结果,可以发现利用不同优化泛函求解向下延拓问题,延拓结果的稳定性都得到改善,但不同泛函给出的延拓结果的精度是有区别的。

5.2.2 迭代方法的选择

针对延拓问题中系数矩阵 A 维数很高的特点,采用迭代方法对高维病态方程求解是很好的选择,这样可以避免高维矩阵的求逆运算。

迭代方法有很多种,但不是所有迭代方法都能应用于求解上节给出的向下延拓优化问题。本节对两种适合向下延拓问题求解的迭代方法,即逐次逼近方法和最速下降方法,进行了对比分析。这两种迭代方法都能够用于求解式(5.4)、式(5.6)、式(5.7)、式(5.8)和式(5.12)给出的优化问题,对式(5.9)和式(5.11)给出的优化问题的求解,需要特殊处理。在此,给出两种迭代方法求解式(5.4)、式(5.6)、式(5.7)的过程。

在介绍两种迭代方法之前,首先给出对应式(5.4)、式(5.6)、式(5.7)的优化泛函的梯度,分别为:

$$\nabla J_1[g] = A^{\text{T}}(Ag - f) \tag{5.13}$$

$$\nabla J_2[g] = A^{\text{T}}(Ag - f) + \alpha g \tag{5.14}$$

$$\nabla J_3[g] = A^{\text{T}}(Ag - f) + \alpha D^{\text{T}}Dg \tag{5.15}$$

由最优化理论可知，梯度为 0 时对应优化问题的最优解。取优化泛函的梯度为 0，由式(5.13)～式(5.15)可以得到

$$A^{\mathrm{T}}Ag = A^{\mathrm{T}}f \tag{5.16}$$

$$(A^{\mathrm{T}}A + \alpha I)g = A^{\mathrm{T}}f \tag{5.17}$$

$$(A^{\mathrm{T}}A + \alpha D^{\mathrm{T}}D)g = A^{\mathrm{T}}f \tag{5.18}$$

现在介绍逐次逼近迭代方法，这种迭代方法的迭代过程很简单，它可以看作直接从方程求解的角度进行算法设计。譬如，利用逐次逼近迭代方法求解原始病态方程[式(5.1)]，其算法描述如算法 5.2 所示。

算法 5.2　逐次逼近迭代算法

---

1. k：＝ 0
2. g_0：＝ initial guess；
3. begin iterations
4. $g_{k+1} = g_k + \tau(f - Ag_k)$；
5. k：＝ $k+1$；
6. end iterations

由算法描述可知，利用逐次逼近迭代法解式(5.1)时，其主要迭代格式为：

$$g_{k+1} = g_k + \tau(f - Ag_k) \tag{5.19}$$

由迭代格式可以看出，逐次逼近法是根据拟合误差来对当前的迭代解进行修正，从而获得新的迭代解。同理，利用逐次逼近法求解式(5.16)～式(5.18)，其主要迭代格式分别为：

$$g_{k+1} = g_k + \tau(A^{\mathrm{T}}f - A^{\mathrm{T}}Ag_k) \tag{5.20}$$

$$g_{k+1} = g_k + \tau[A^{\mathrm{T}}f - (A^{\mathrm{T}}A + \alpha I)g_k] \tag{5.21}$$

$$g_{k+1} = g_k + \tau[A^{\mathrm{T}}f - (A^{\mathrm{T}}A + \alpha D^{\mathrm{T}}D)g_k] \tag{5.22}$$

进一步分析式(5.19)的迭代格式，不难发现，它与积分迭代法[37, 72]是一致的。所以，积分迭代法在本质上是一种逐次逼近法。

式(5.20)的迭代格式可以改写为：

$$g_{k+1} = g_k + \tau A^{\mathrm{T}}(f - Ag_k) \tag{5.23}$$

不难看出，式(5.23)就是 Landweber 迭代法的主要迭代格式，式(5.21)和式(5.22)则是迭代 Tikhonov 正则化方法的两种空间域迭代格式[43]。从迭代格式角

度讲，三种方法都可以看作是一种特殊的逐次逼近法，它们在迭代形式上是相同的，只是求解的方程不同。

下面来分析最速下降迭代算法。从几何观点可以直观地理解最速下降迭代算法，该方法在每次迭代时，都是沿着优化泛函的梯度方向搜索最优解。所以，使用最速下降迭代算法时，应从优化泛函入手。具体迭代过程见算法5.3。

算法5.3　最速下降迭代算法

---

1. $k: = 0$
2. $\boldsymbol{g}_0: =$ initial guess;
3. begin iterations
4. $\boldsymbol{p}_k: = - \nabla J[\boldsymbol{g}_k]$;
5. $\tau_k: = \mathrm{argmin}_{\tau > 0} J[\boldsymbol{g}_k + \tau \boldsymbol{p}_k]$;
6. $\boldsymbol{g}_{k+1}: = \boldsymbol{g}_k + \tau_k \boldsymbol{p}_k$;
7. $k: = k + 1$;
8. end iterations

利用最速下降算法求解不同的优化泛函，只需将算法5.3中的梯度计算换成对应的优化泛函的梯度即可。在每次迭代过程中，还需要根据当前的迭代解计算最优迭代步长，这点是与逐次逼近法最大的不同，逐次逼近法中的迭代步长是固定不变的。所以，最速下降法的计算量一般大于逐次逼近法。通常最优迭代步长是通过搜索策略得到的，这更增加了最速下降法的计算量。幸运的是，对于某些优化泛函，可以推导得到最优迭代步长的解析表达式。例如，对于式(5.4)给出的优化泛函，其对应的最优迭代步长的解析表达式为：

$$\tau_k = \frac{\|\nabla J_1[\boldsymbol{g}_k]\|_2^2}{\|\boldsymbol{A} \nabla J_1[\boldsymbol{g}_k]\|_2^2} \tag{5.24}$$

借助式(5.24)直接计算最佳迭代步长，可以大大提高最速下降法的算法效率。对于式(5.6)和式(5.7)给出的优化泛函，同样可以推导得到它们所对应的最优迭代步长的解析表达式分别为：

$$\tau_k = \frac{\|\nabla J_2[\boldsymbol{g}_k]\|_2^2}{\|\boldsymbol{A} \nabla J_2[\boldsymbol{g}_k]\|_2^2 + \alpha \|\nabla J_2[\boldsymbol{g}_k]\|_2^2} \tag{5.25}$$

$$\tau_k = \frac{\|\nabla J_3[\boldsymbol{g}_k]\|_2^2}{\|\boldsymbol{A} \nabla J_3[\boldsymbol{g}_k]\|_2^2 + \alpha \|\boldsymbol{D} \nabla J_3[\boldsymbol{g}_k]\|_2^2} \tag{5.26}$$

对于最速下降法，其主要迭代格式一般形式可以表示为，

$$\boldsymbol{g}_{k+1} = \boldsymbol{g}_k + \tau_k(-\nabla J[\boldsymbol{g}_k]) \tag{5.27}$$

根据式(5.13)和式(5.20)，以及式(5.14)和式(5.21)，可以将 Landweber 迭代法和迭代 Tikhonov 正则化法写成如下形式：

$$\boldsymbol{g}_{k+1} = \boldsymbol{g}_k + \tau(-\nabla J_1[\boldsymbol{g}]) \tag{5.28}$$

$$\boldsymbol{g}_{k+1} = \boldsymbol{g}_k + \tau(-\nabla J_2[\boldsymbol{g}]) \tag{5.29}$$

比较式(5.27)~式(5.29)，可以看到，除了积分迭代法外，最速下降法以及 Landweber 迭代法和迭代 Tikhonov 正则化法都属于梯度型优化算法。

现在采用一种新的思路来考察上述迭代方法之间的联系。对于空间域积分迭代法的迭代格式[式(5.19)]，它的前两步迭代结果为：

$$\boldsymbol{g}_1 = (1-\tau)\boldsymbol{f} + \tau A\boldsymbol{f} \tag{5.30}$$

$$\boldsymbol{g}_2 = (1-2\tau)\boldsymbol{f} + (2\tau-\tau^2)A\boldsymbol{f} + (\tau^2)A^2\boldsymbol{f} \tag{5.31}$$

对于空间域 Landweber 迭代法的迭代格式[式(5.20)]，它的前两步迭代结果为：

$$\boldsymbol{g}_1 = \boldsymbol{f} + \tau A\boldsymbol{f} - \tau A^2\boldsymbol{f} \tag{5.32}$$

$$\boldsymbol{g}_2 = \boldsymbol{f} + (2\tau)A\boldsymbol{f} + (-2\tau)A^2\boldsymbol{f} + (-\tau^2)A^3\boldsymbol{f} + (\tau^2)A^4\boldsymbol{f} \tag{5.33}$$

对于空间域迭代 Tikhonov 正则化法的迭代格式[式(5.21)]，它的前两步迭代结果为：

$$\boldsymbol{g}_1 = (1-\alpha\tau)\boldsymbol{f} + \tau A\boldsymbol{f} - \tau A^2\boldsymbol{f} \tag{5.34}$$

$$\boldsymbol{g}_2 = (1-\alpha\tau)^2\boldsymbol{f} + (2\tau-\alpha\tau)A\boldsymbol{f} + (2\alpha\tau^2-2\tau)A^2\boldsymbol{f} + (-\tau^2)A^3\boldsymbol{f} + (\tau^2)A^4\boldsymbol{f} \tag{5.35}$$

将 Landweber 迭代法中迭代步长 τ 用式(5.24)给出的 τ_k 替代，则它的前两步迭代结果为，

$$\boldsymbol{g}_1 = \boldsymbol{f} + \tau_k A\boldsymbol{f} - \tau_k A^2\boldsymbol{f} \tag{5.36}$$

$$\boldsymbol{g}_2 = \boldsymbol{f} + 2\tau_k A\boldsymbol{f} + (-2\tau_k)A^2\boldsymbol{f} + (-\tau_k^2)A^3\boldsymbol{f} + \tau_k^2 A^4\boldsymbol{f} \tag{5.37}$$

分析上述迭代法的每步迭代解的形式，可以发现这些迭代法有一个共同点，即迭代解都是形如 $\boldsymbol{f}, A\boldsymbol{f}, A^2\boldsymbol{f}, A^3\boldsymbol{f}, A^4\boldsymbol{f}, \cdots\cdots$ 的向量的线性组合。这样的向量组成的空间称为克雷洛夫子空间(Krylov subspace)，人们在克雷洛夫子空间开发了许多优秀的迭代方法。

综上所述，本节通过对逐次逼近迭代方法和最速下降迭代方法求解优化泛函的过程进行分析，清楚展示了积分迭代法、Landweber 迭代法、迭代 Tikhonov 正则化方法和迭代最小二乘法之间的联系。由本节最后的分析，可以更深入地看到

上述迭代方法的本质，即每步给出的迭代解都是克雷洛夫子空间基向量的某种线性组合。下节引入的共轭梯度法，是寻求基向量的"最佳"线性组合作为每次的迭代解，这样的出发点，使得共轭梯度法展现了优于上述迭代法的性质，尤其是在求解大型病态问题时。

5.3　向下延拓 CGLS-BCE 算法原理

研究结果表明，共轭梯度法是迭代方法中求解病态问题的好方法。由于计算量大，以前人们对共轭梯度法用于求解位场向下延拓问题研究得不多，没有形成实用的数值算法。借助于对称 BTTB 矩阵与向量相乘的快速 BCE 算法，笔者将共轭梯度法成功地用于求解平面位场向下延拓问题，研究了快速数值算法。

根据上节提出的研究思路，从求解优化问题的角度，可以使用共轭梯度法求解式(5.4)、式(5.6)、式(5.7)、式(5.8)和式(5.12)给出的优化问题。前文指出，迭代方法在求解病态问题时，会出现半收敛现象，共轭梯度法也不例外。所以，在使用共轭梯度法迭代求解上述不同优化泛函时，需要确定一个合适的迭代次数。然而，对于式(5.6)~式(5.8)给出的优化泛函，它们还含有参数 α，该参数不同的取值对迭代结果也会产生较大影响。这样如果用共轭梯度法(或上节给出的其他形式的迭代方法)求解式(5.6)~式(5.8)给出的优化泛函，就需要同时确定 α 和迭代次数两个参数，这是一件比较麻烦的事。而如果利用共轭梯度法求解式(5.4)给出的优化泛函，就只需要确定迭代次数这样一个参数，算法简单易行的同时，解决问题的效果也很好。文献[91]将共轭梯度法求解式(5.4)的方法称为 CGLS(conjugate gradient least square)方法。笔者将 CGLS 方法用于求解位场向下延拓问题时形成的算法称为 CGLS-BCE 算法，以突出 BCE 算法在整个向下延拓算法中的作用。CGLS-BCE 算法见算法 5.4。

算法 5.4 中，梯度 $\nabla J_1[g_0]$ 是由式(5.13)计算得到的。分析算法过程不难发现，算法中最复杂的运算为系数矩阵 A 与向量的相乘运算，采用 BCE 算法可以快速完成该运算，所以算法的效率是比较高的。文献[91]利用奇异值分解理论对 CGLS 方法进行了分析，指出了该方法的优越性能。

算法 5.4　平面位场向下延拓 CGLS–BCE 算法

1. $k := 0$
2. $\boldsymbol{g}_0 := \text{initial guess}$;
3. $\boldsymbol{q}_0 := \nabla J_1[\boldsymbol{g}_0]$;
4. $\boldsymbol{p}_0 := -\boldsymbol{q}_0$;
5. $\delta_0 := \|\boldsymbol{q}_0\|_2^2$;
6. begin iterations
7. $\boldsymbol{h}_k := A\boldsymbol{p}_k$;
8. $\tau_k := \delta_k/(\boldsymbol{p}_k^{\mathrm{T}}\boldsymbol{h}_k)$;
9. $\boldsymbol{g}_{k+1} := \boldsymbol{g}_k + \tau_k\boldsymbol{p}_k$;
10. $\boldsymbol{q}_{k+1} := \nabla J_1[\boldsymbol{g}_k]$;
11. $\delta_{k+1} := \|\boldsymbol{q}_{k+1}\|_2^2$;
12. $\beta_k := \delta_{k+1}/\delta_k$;
13. $\boldsymbol{p}_{k+1} := -\boldsymbol{q}_{k+1} + \beta_k\boldsymbol{p}_k$
14. $k := k + 1$;
15. end iterations

　　采用迭代方法求解病态问题时，迭代次数的确定很关键。目前比较实用的方法是所谓的离散 L 曲线法。3.3 节利用 L 曲线法，较好解决了位场向下延拓频率域 Tikhonov 正则化方法中正则化参数确定问题。从某种意义上讲，3.3 节采用的 L 曲线方法，可以看成是一种连续 L 曲线方法，因为通过计算得到随正则化参数连续变化的拟合误差和正则解，理论上可以作出一条连续的 L 曲线。而在迭代方法中，只能计算得到对应迭代次数的拟合误差和迭代解(该解与正则解对应)，作出一条"离散"的 L 曲线，这是离散 L 曲线方法名称的含义。离散 L 曲线法与连续 L 曲线法在原理上是相同的，都是在寻求解的拟合误差和解之间的最佳折中，而将 L 曲线上的拐点位置视为最佳折中点。如何根据 L 曲线上的离散值确定 L 曲线的拐点，是离散 L 曲线法的难点所在。

　　从目前研究现状来看，利用迭代方法求解大型病态问题时，采用离散 L 曲线法确定迭代次数是比较实用的方法。在迭代过程中，容易计算得到 $\|A\boldsymbol{g}_k - \boldsymbol{f}\|_2$ 和 $\|\boldsymbol{g}_k\|_2$，从而做出一条离散 L 曲线，同时不明显增加算法的计算负担。丹麦科技大学的 Hansen 教授及其学生对离散 L 曲线法进行了大量研究[80-84]，给出了几种确定离散 L 曲线拐点的优秀算法，并公布了算法程序代码。在研究位场向下延拓 CGLS–BCE 算法时，笔者利用 Hansen 教授提供的离散 L 曲线算法确定迭代次数，

大量数值实验表明,由于求解向下延拓问题的复杂性,所确定的迭代次数有时合适,而有时不合适。所以,对离散 L 曲线法进行深入分析是必要的。

5.4　CGLS-BCE 算法的性能分析

为了便于对比,本节使用的球体组合模型数据和实测数据与 3.3.2 节检验频率域 Tikhonov-Lcurve 算法时使用的数据完全相同。本节将给出 CGLS-BCE 算法和积分迭代法向下延拓结果。

5.4.1　球体组合模型检验

球体组合模型生成的 $z=0$ m 和 $z=-200$ m 两个高度平面理论磁异常,分别如图 3.10(a)和图 3.10(b)所示。将 $z=-200$ m 高度面数据向下延拓至 $z=0$ m,迭代次数取为 50,CGLS-BCE 算法和积分迭代法给出的延拓结果如图 5.3 所示。对比图 3.10(a)和图 5.3,可以看到,两种迭代方法向下延拓结果在形态上与理论结果是一致的。将两种延拓结果分别与理论值作差,误差统计值见表 5.1,可以看到,在观测数据不含噪声的情况下,CGLS-BCE 算法和积分迭代法延拓结果精度很高。图 5.5(a)所示为迭代误差曲线,可以看出,两种迭代方法是收敛的,且延拓结果精度相当。在算法效率方面,迭代 50 次,CGLS-BCE 算法用时 730 s,积分迭代法用时 320 s,就处理数据的规模而言,这样的效率是比较高的。

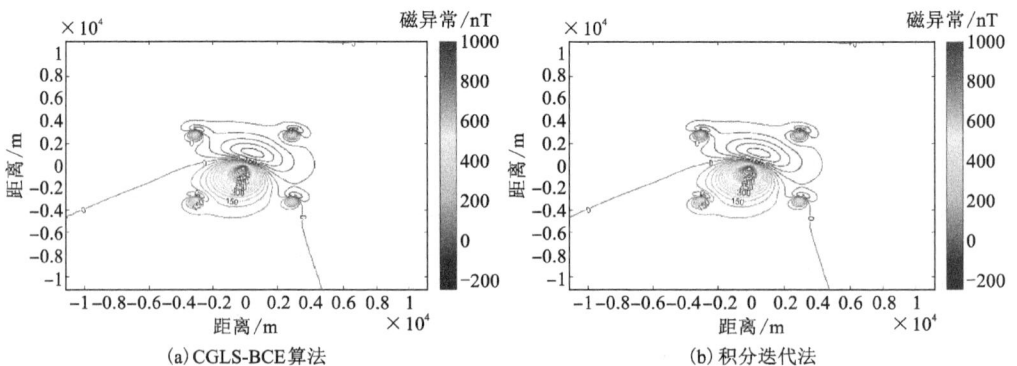

(a) CGLS-BCE 算法　　　　　　　(b) 积分迭代法

图 5.3　迭代法向下延拓结果(模型数据,无噪声)

(扫目录页二维码查看彩图)

表 5.1　迭代法向下延拓结果误差统计值(模型数据,无噪声)

算法	最大值/nT	最小值/nT	均值/nT	均方根/nT
CGLS-BCE	1.99	−1.38	0.01	0.10
积分迭代法	2.47	−1.27	0.01	0.06

在 $z=-200$ m 高度面数据中加入 20 dB 噪声,采用 CGLS-BCE 算法和积分迭代法向下延拓,迭代结果误差曲线如图 5.5(b)所示,可以看到,两种迭代方法都表现出半收敛性,在压制噪声方面,CGLS-BCE 算法优于积分迭代法。迭代次数为 5 时,延拓结果如图 5.4 所示。从形态上看,两种迭代方法延拓结果与图 3.10(a)给出的理论值大体一致。将两种延拓结果与理论值作差,误差统计值见表 5.2。误差统计值与表 3.4 给出的 $z=0$ m 高度面数据统计值对比,可以看出,含有噪声情况下,两种迭代方法延拓结果具有较高的精度,迭代次数较少时,两种方法展现出较好的稳定性。当然,延拓结果精度与迭代次数有着密切关系。实际应用 CGLS-BCE 算法时,利用离散 L 曲线法确定的迭代次数可以作为参考,一般情况下迭代次数小于 30。

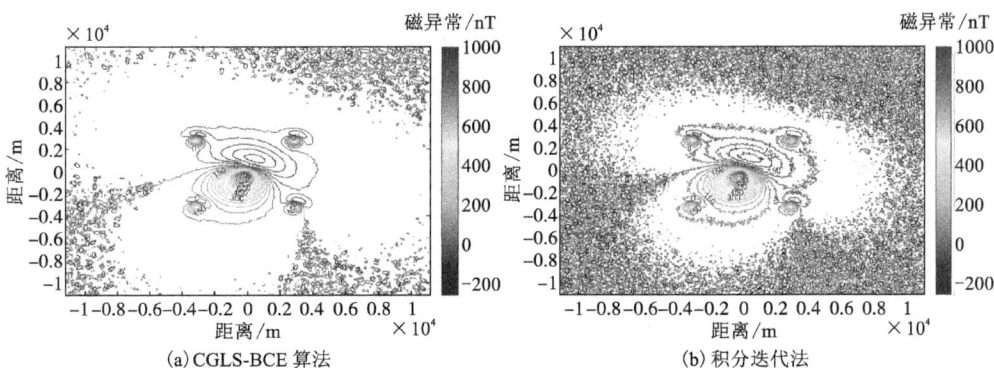

(a)CGLS-BCE 算法　　(b)积分迭代法

图 5.4　迭代法向下延拓结果(模型数据,含噪声)

(扫目录页二维码查看彩图)

表 5.2　迭代法向下延拓结果误差统计值(模型数据,含噪声)

算法	最大值/nT	最小值/nT	均值/nT	均方根/nT
CGLS-BCE	119.21	−68.28	0.003	3.46
积分迭代法	110.08	−64.67	0.04	5.83

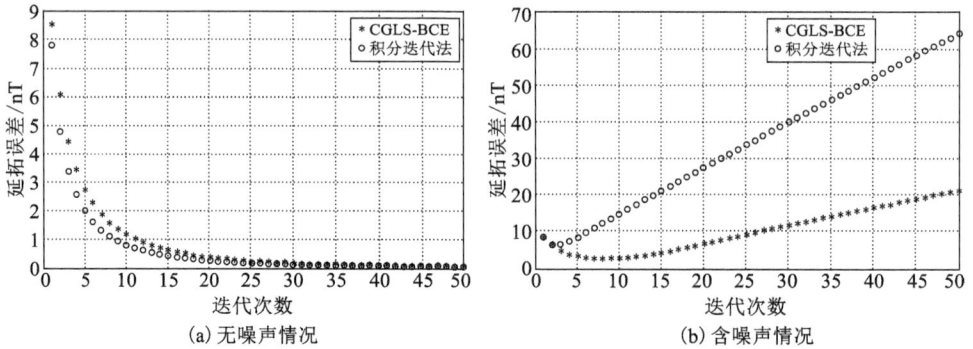

图 5.5　迭代结果误差曲线(模型数据)

　　将上述 CGLS-BCE 算法和积分迭代法实验结果与频率域 Tikhonov-Lcurve 算法结果对比,可以看到,迭代次数选择得合适时,CGLS-BCE 算法延拓结果精度优于其他两种方法。但由于最佳迭代次数的确定比较困难,而频率域 Tikhonov-Lcurve 算法中正则化参数可以由 L 曲线确定,所以实际应用时,频率域 Tikhonov-Lcurve 算法具有优势。当然,为了增加延拓结果的可信度,可以综合分析三种方法给出的延拓结果,这是本书研究多种延拓方法的目的之一。

5.4.2　实测数据检验

　　采用附录 A 中给出的实测磁异常数据一,对 CGLS-BCE 算法和积分迭代法进行检验。$z=0$ m 和 $z=-195$ m 两个高度面磁异常分别如图 3.8(a)和图 3.8(b)所示。将 $z=-195$ m 高度面磁异常向下延拓至 $z=0$ m,CGLS-BCE 算法和积分迭代法延拓结果如图 5.7 所示。由图 5.6(c)所示迭代结果误差曲线可以看出,两种迭代方法都稍微呈现出半收敛现象。图 5.6(a)和图 5.6(b)所示为迭代 20 次后的结果。从形态上看,延拓结果与图 3.8(a)所示实测磁异常是一致的。将两种延拓结果与实测数据作差,误差统计值见表 5.3。与附录 A 中表 A.2 给出的 $z=0$ m 平面实测数据统计值对比,可以看出,CGLS-BCE 算法和积分迭代法延拓结果具有较高的精度。

　　采用向上延拓再向下延拓的思路,对 CGLS-BCE 算法和积分迭代法进行检验。使用的数据与检验 Tikhonov-Lcurve 算法时使用的数据完全相同,如图 3.14 和图 3.15 所示。两种迭代方法迭代结果误差曲线如图 5.7(c)所示,可以看到,50 次迭代内,两种迭代方法趋于收敛,表现出很好的稳定性。两种方法 50 次迭

(a) CGLS-BCE算法

(b) 积分迭代法

(c) 迭代结果误差曲线

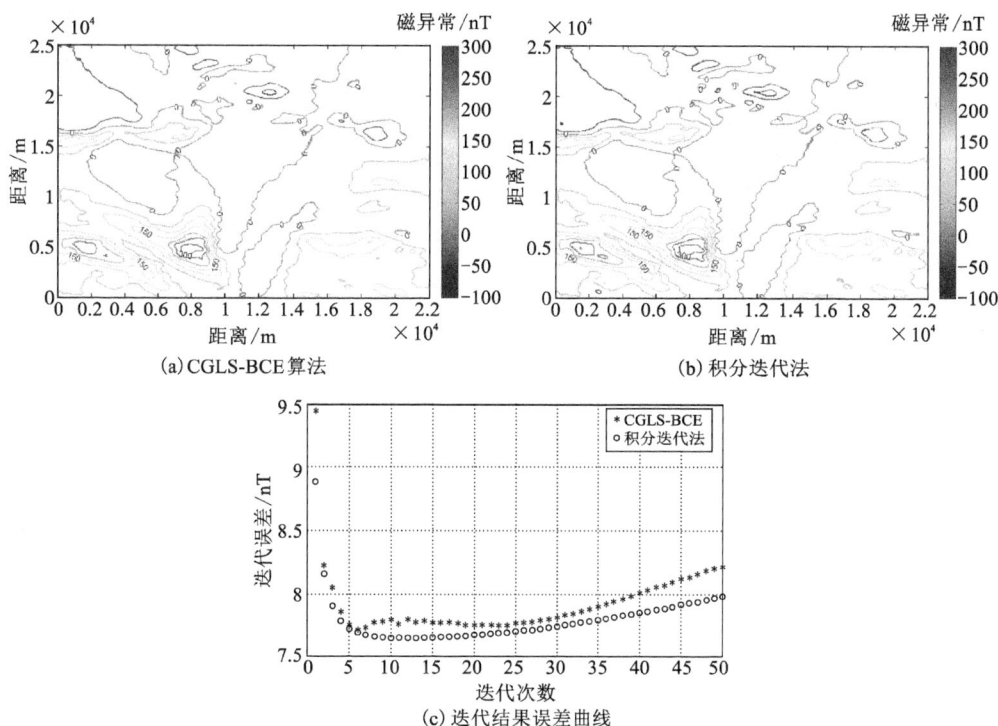

图 5.6　迭代法向下延拓结果（实测数据一）

（扫目录页二维码查看彩图）

代的结果分别如图 5.7(a) 和图 5.7(b) 所示。从形态上看，两种迭代方法延拓结果与图 3.14 给出的实测数据大体一致。将两种延拓结果与实测数据作差，误差统计值见表 5.4。与附录 A 中表 A.3 给出的实测数据统计值对比，可以看到，两种迭代方法都具有较高的延拓结果精度，CGLS-BCE 算法结果略优于积分迭代法。与表 3.7 给出的 Tikhonov-Lcurve 算法延拓结果对比，可以看到，两种迭代方法延拓结果优于 Tikhonov-Lcurve 算法。

表 5.3　迭代法向下延拓结果误差统计值（实测数据一）

算法	最大值/nT	最小值/nT	均值/nT	均方根/nT
CGLS-BCE	74.78	-116.83	-1.16	7.73
积分迭代法	75.01	-116.82	-1.16	7.65

(a)CGLS-BCE算法

(b)积分迭代法

(c)迭代结果误差曲线

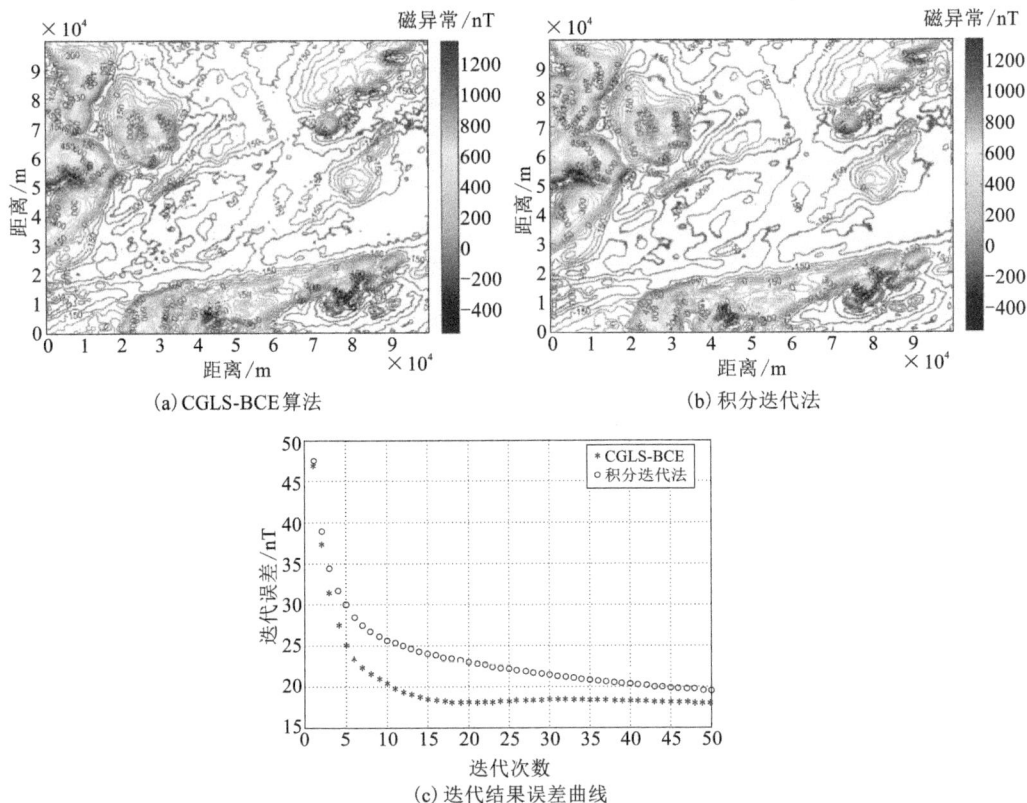

图 5.7 迭代法向下延拓结果(实测数据二)

(扫目录页二维码查看彩图)

表 5.4 迭代法向下延拓结果误差统计值(实测数据二)

算法	最大值/nT	最小值/nT	均值/nT	均方根/nT
CGLS-BCE	364.96	−300.27	−0.31	18.12
积分迭代法	405.11	−367.77	−0.37	19.51

5.5 本章小结

本章系统研究了位场向下延拓空间域求解方法。引入 Lanczos 算法,分析了系数矩阵的病态性,结果表明,由向上延拓积分方程离散化得到的系数矩阵,是接近奇异的正定矩阵,条件数大,病态性严重,将向下延拓问题归结为高维病态线性方程组求解问题。从优化观点出发, 将向下延拓问题转化为优化问题, 给出了空间域求解优化问题的研究思路, 较详细分析了优化泛函的构造方法, 对比分析了目前常用的的两类迭代求解方法。借助系数矩阵的对称性和 BCE 算法, 引入迭代效果好的共轭梯度法, 提出了向下延拓 CGLS–BCE 算法。数值实验结果表明, CGLS–BCE 算法效率高, 稳定性好, 在抑制噪声方面优于积分迭代法。

第6章 曲化平空间域 CGLS-SI-BCE 算法

当观测面为曲面时，为获得水下地磁数据，需要采用曲化平方法，不能用平面向下延拓方法。借鉴平面向下延拓问题的研究思路和方法，本章研究空间域内快速、稳定曲化平方法。

6.1 曲化平问题分析

解决曲面位场延拓问题的出发点是式(2.24)，本章采用新的符号，记为：

$$f[x, y, z(x, y)] = -\frac{z(x, y)}{2\pi} \int_{-\infty}^{\infty} \int_{-\infty}^{\infty} \frac{g(\xi, \eta)}{[(x-\xi)^2 + (y-\eta)^2 + z(x, y)^2]^{3/2}} \mathrm{d}\xi \mathrm{d}\eta$$

(6.1)

图6.1为曲面位场延拓示意图，需要指出的是，本章所研究的曲化平问题，观测面是曲面，延拓面是平面，假定两者是不相交的，并且两者之间是无源的。这种假设是符合实际情况的。对于水下地磁导航应用背景而言，航空测量地磁数据时，飞机的飞行高度有可能不在同一高度平面上，这样得到的就是曲面上的地磁数据，曲化平就是要根据曲面上的航磁数据，向下延拓得到水下某一深度平面上的地磁数据。如图6.1所示，$z(x, y) < 0$（z 轴垂直向下为正）。条件 $z(x, y) < 0$ 对于保证曲面延拓数值算法的稳定性来说是很重要的。

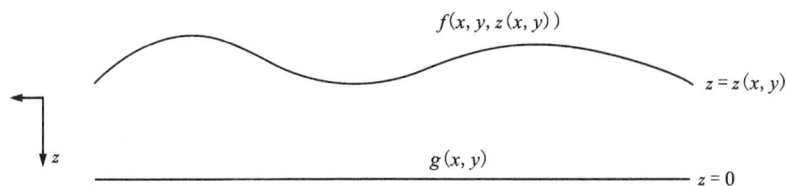

图 6.1　曲面位场延拓示意图

不难发现，若将式(6.1)中的 $z(x, y)$ 取为定值，该式就变为平面位场延拓公式。所以，平面位场延拓可以看成是曲面位场延拓的特例，两者之间关系是很密切的。从数学上讲，平面位场向下延拓问题是病态问题，曲化平问题也是病态问题。鉴于这种相似性，在研究曲化平问题时，可以借鉴解决平面位场延拓问题的思路和方法。

在空间域求解曲化平问题，首先要做的就是对式(6.1)离散化。采用 4.1.1.1 节给出的第一种离散化方法，对式(6.1)离散化，可得

$$f[x_m, y_n, z(x_m, y_n)] \approx -\frac{1}{2\pi} \sum_{i=1}^{M} \sum_{j=1}^{N} \frac{g(\xi_i, \eta_j) z(x_m, y_n) \Delta x \Delta y}{[(x_m-\xi_i)^2+(y_n-\eta_j)^2+z(x_m, y_n)^2]^{3/2}}$$

(6.2)

对式(6.2)进行整理，可得一个与式(5.1)在形式上相似的线性代数方程组

$$\boldsymbol{Bg} = \boldsymbol{f}$$

(6.3)

下一步需要做的就是对系数矩阵 $\boldsymbol{B}$ 进行分析。显然，系数矩阵 $\boldsymbol{B}$ 的维数是极其巨大的，这同平面位场延拓问题中的系数矩阵 $\boldsymbol{A}$ 的情形是相同的。要想在空间域求解曲化平问题，必须首先解决系数矩阵 $\boldsymbol{B}$ 的存储和它与向量相乘的快速数值计算问题。对于系数矩阵 $\boldsymbol{A}$，前文证明了它是对称的 BTTB 矩阵，采用 BCE 算法解决了 $\boldsymbol{A}$ 的存储和其与向量相乘的快速数值计算问题。对于维数较小的系数矩阵 $\boldsymbol{B}$，在结构上没有什么特殊的规律可寻，因此很难找到一种类似 BCE 的算法来实现 $\boldsymbol{B}$ 与向量相乘的快速数值计算，这就是曲化平问题比平面位场向下延拓问题更难解决的原因之一。

从已有的研究文献来看，解决系数矩阵 $\boldsymbol{B}$ 与向量相乘的快速数值计算问题，也就是解决平化曲问题，取的策略都是基于逼近的思想，即采用某种快速算法来逼近系数矩阵 $\boldsymbol{B}$ 与向量相乘运算结果。下节将重点分析两种快速平化曲方法。

<h2 style="text-align:center">6.2　平化曲快速算法</h2>

本节给出两种平化曲的快速算法：SI-BCE 算法和 FDTE 算法。从空间域求解曲化平问题的角度来看，这两种算法可以视为对系数矩阵 B 与向量相乘运算的快速逼近计算。

6.2.1　SI-BCE 算法

文献[67]提出了解决曲化平问题的插值迭代法。在插值迭代法中，采用了分层插值思想来实现每步迭代过程中平化曲的快速计算。分层插值思想的原理如图 6.2 所示。分层插值包括分层和插值两个过程。分层是指用 M 个平面 $z=z_1$, z_2, $\cdots$, z_M 来分割曲面 $z=z(x, y)$，使得曲面完全包围在 M 个平面之中，通过平面位场向上延拓算法，将平面 $z=z_0$ 上的位场数据向上延拓，得到 M 个平面 $z=z_1$, z_2, $\cdots$, z_M 上的位场数据。插值是指根据延拓得到的 M 个平面上的位场数据，通过一定的插值方法得到曲面 $z=z(x, y)$ 上的位场数据 $f[x, y, z(x, y)]$，从而实现平化曲。

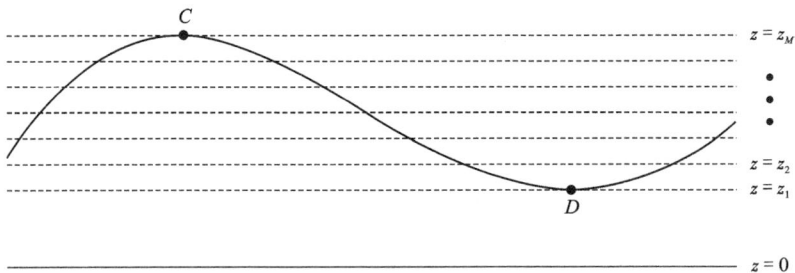

图 6.2　分层插值原理示意图

采用平面向上延拓频率域 FT 算法来计算分层面上的场值，可保证整个平化曲算法的快速性。根据前文给出的研究结果，可以用频率域 GFT 算法和空间域 BCE 算法来代替 FT 算法，快速实现位场向上延拓。将这种基于分层插值思想的平化曲方法称为 SI-GFT 算法和 SI-BCE 算法，其中 S 为英文 slicing，即分层含义，I 为 interpolation，即插值含义。SI-BCE 算法描述见算法 6.1。

算法 6.1　平化曲 SI-BCE 算法

---

1. 给定分层面个数 M，根据曲面 $z = z(x, y)$ 的最高点 C 和最低点 D（如图 6.2 所示），计算分层面高度 $z_1, z_2, \cdots, z_M$；
2. 使用 BCE 算法，向上延拓得到 M 个分层面上的位场数据 $g_1(x, y, z_1), g_2(x, y, z_2), \cdots, g_M(x, y, z_M)$；
3. 根据 $g_1(x, y, z_1), g_2(x, y, z_2), \cdots, g_M(x, y, z_M)$，采用一定的插值算法，插值得到 $f[x, y, z(x, y)]$。

如果上述算法中采用 GFT 算法做向上延拓，就可以得到相应的平化曲 SI-GFT 算法。在 SI-BCE 算法中，分层平面的个数 M 需要事先给定。平面个数 M 对平化曲的结果精度是有影响的，M 越大，平化曲的结果精度越高，但是计算代价也随之变大。分层平面个数要根据曲面的起伏度来确定。一般来说，起伏度大的情况下，M 取值要适当大些。

国外学者 Lindrith Cordell 提出了解决曲面位场延拓的"chessboard method"[13, 66]，国内称之为棋盘法。棋盘法中也采用了与分层插值相同的逼近思想，文献[66]称棋盘法是"一种既适合大数据量又适合垂向剧烈起伏的快速算法"。

6.2.2　FDTE 算法

另一种国内外常用的平化曲方法，是泰勒级数展开法。泰勒级数法的理论依据是函数在某点的泰勒级数展开表达式：

$$f[x, y, z(x, y)] = f(x, y, z_0) + \Delta z(x, y) \frac{\partial}{\partial z} f(x, y, z_0) + \frac{\Delta z(x, y)^2}{2!} \frac{\partial^2}{\partial z^2} f(x, y, z_0) + \cdots$$

$$(6.4)$$

式中，$f(x, y, z_0)$ 表示平面 $z = z_0$ 上的位场，$\Delta z(x, y) = z(x, y) - z_0$，如图 6.3 所示。

由式（6.4）可知，泰勒级数法的基本思想是根据一点 (x, y, z_0) 处的位场值 $f(x, y, z_0)$ 及其各阶导数值，来逼近邻近点 $[x, y, z(x, y)]$ 处的位场值 $f[x, y, z(x, y)]$。其中各阶导数值可以转换到频率域计算，依据为

$$FT\left[\frac{\partial^n f}{\partial z^n}\right] = \left(\sqrt{k_x^2 + k_y^2}\right)^n FT[f]$$

$$(6.5)$$

式中，FT[ ] 表示对函数实施傅里叶变换，下文中 IFT[ ] 表示对函数实施傅里叶反变换。

在图 6.3 所示平化曲问题中，泰勒级数展开所在平面 $z = z_0$ 上的位场值 $f(x, y, z_0)$ 是由平面 $z = 0$ 上的位场值 $g(x, y)$ 向上延拓得到的，在频率域存在关系

$$F(k_x, k_y, z_0) = G(k_x, k_y) e^{z_0\sqrt{k_x^2 + k_y^2}} \qquad (6.6)$$

式中，$F(k_x, k_y, z_0)$ 表示 $f(x, y, z_0)$ 的傅里叶变换，按照坐标轴定义，$z_0 < 0$。

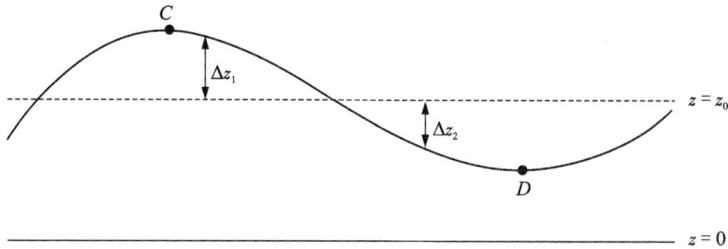

图 6.3　泰勒级数展开法原理示意图

根据式 (6.4)~式 (6.6)，推导得到的平化曲泰勒级数法的频率域表达式为：

$$f[x, y, z(x, y)] = \sum_{n=0}^{\infty} \frac{\Delta z(x, y)^n}{n!} \mathrm{IFT}\left[G(k_x, k_y) e^{z_0\sqrt{k_x^2 + k_y^2}} \left(\sqrt{k_x^2 + k_y^2} \right)^n \right]$$

$$(6.7)$$

基于式 (6.7)，可以得到频率域平化曲泰勒级数展开法 (frequency domain Taylor expand method)，简记为 FDTE 方法。其算法描述见算法 6.2。

算法 6.2　平化曲 FDTE 算法

---

1. 给定泰勒级数展开项数 N，确定展开平面 $z = z_0$；

2. 将平面 $z = 0$ 上的位场数据 $g(x, y)$ 变换到频率域，得到 $G(k_x, k_y)$；

3. 对于 $n = 0, 1, 2, \cdots, N$，计算得到 $\mathrm{FT}\left[G(k_x, k_y) e^{z_0\sqrt{k_x^2 + k_y^2}} \left(\sqrt{k_x^2 + k_y^2} \right)^n \right]$；

4. 根据式 (6.7)，计算得到曲面位场值 $f[x, y, z(x, y)]$。

在 FDTE 算法中，展开项数 N 和展开平面高度 z_0 是需要事先给定的。展开项数 N 的作用类似于 SI-BCE 算法中分层平面数 M，展开项数越多，平化曲的结果越精确，但考虑到计算量，展开项数不能取得特别大。仔细分析 FDTE 算法可以发现，前后两个展开项之间关系紧密，前项计算结果能够很容易用于后项计算，从而可以大大减少计算量，这是 FDTE 算法效率高的原因。

按照上述分析，平化曲 FDTE 算法是很容易理解的。文献[93]和文献[62]推导出了与式(6.7)一致的结果，但推导的出发点不同。深入分析文献[93]和文献[62]的推导过程，可以得出一个很奇怪的结论。对该结论进行剖析，有助于加深对曲面位场延拓问题频率域方法的理解。

文献[62]推导过程中，依据泰勒级数展开公式得到如下关系

$$e^{\Delta z(x,\,y)\sqrt{k_x^2+k_y^2}} = \sum_{n=0}^{\infty} \frac{\left[\Delta z(x,\,y)\,\sqrt{k_x^2+k_y^2}\,\right]^n}{n!} \tag{6.8}$$

结合式(6.7)和式(6.8)，可得

$$
\begin{aligned}
f[x,\,y,\,z(x,\,y)] &= \text{IFT}\left[G(k_x,\,k_y)\,e^{z_0\sqrt{k_x^2+k_y^2}} \sum_{n=0}^{\infty} \frac{\left[\Delta z(x,\,y)\,\sqrt{k_x^2+k_y^2}\,\right]^n}{n!}\right] \\
&= \text{IFT}\left[G(k_x,\,k_y)\,e^{z_0\sqrt{k_x^2+k_y^2}}\,e^{\Delta z(x,\,y)\sqrt{k_x^2+k_y^2}}\right] \\
&= \text{IFT}\left[G(k_x,\,k_y)\,e^{(z_0+\Delta z(x,\,y))\sqrt{k_x^2+k_y^2}}\right] \\
&= \text{IFT}\left[G(k_x,\,k_y)\,e^{z(x,\,y)\sqrt{k_x^2+k_y^2}}\right]
\end{aligned} \tag{6.9}
$$

根据式(6.9)的推导结果，可以进一步得到如下结果

$$F[k_x,\,k_y,\,z(x,\,y)] = G(k_x,\,k_y)\,e^{z(x,\,y)\sqrt{k_x^2+k_y^2}} \tag{6.10}$$

按照上述推导，式(6.10)显然是对式(6.9)等式两侧取傅里叶变换得来的，现在研究式(6.10)能否看作是由式(6.1)两侧同时进行傅里叶变换得来的。显然，如果 $z=z(x,\,y)=-C$ 是常值（$C>0$），式(6.1)就变为平面位场延拓积分方程：

$$f(x,\,y,\,-C) = \frac{C}{2\pi}\int_{-\infty}^{\infty}\int_{-\infty}^{\infty}\frac{g(\xi,\,\eta)}{\left[(x-\xi)^2+(y-\eta)^2+C^2\right]^{3/2}}\mathrm{d}\xi\mathrm{d}\eta \tag{6.11}$$

由第 2 章分析可知，对式(6.11)两侧取关于变量 $x,\,y$ 的二维傅里叶变换，可以得到频率域表达式：

$$F(k_x,\,k_y,\,-C) = G(k_x,\,k_y)\,e^{-C\sqrt{k_x^2+k_y^2}} \tag{6.12}$$

根据傅里叶变换公式(3.27)，对式(6.11)左侧进行变换，有

$$F(k_x,\,k_y,\,-C) = \int_{-\infty}^{\infty}\int_{-\infty}^{\infty}f(x,\,y,\,-C)\,e^{-\mathrm{i}(k_xx+k_yy)}\mathrm{d}x\mathrm{d}y \tag{6.13}$$

对式(6.11)右侧进行变换，有

$$\int_{-\infty}^{\infty}\int_{-\infty}^{\infty}\left\{\frac{C}{2\pi}\int_{-\infty}^{\infty}\int_{-\infty}^{\infty}\frac{g(\xi,\eta)}{[(x-\xi)^2+(y-\eta)^2+C^2]^{3/2}}\mathrm{d}\xi\mathrm{d}\eta\right\}e^{-i(k_xx+k_yy)}\mathrm{d}x\mathrm{d}y$$

$$=\int_{-\infty}^{\infty}\int_{-\infty}^{\infty}\left\{\iint_{-\infty}^{\infty}\int_{-\infty}^{\infty}\frac{C}{2\pi}\frac{e^{-i(k_xx+k_yy)}}{[(x-\xi)^2+(y-\eta)^2+C^2]^{3/2}}\mathrm{d}x\mathrm{d}y\right\}g(\xi,\eta)\mathrm{d}\xi\mathrm{d}\eta \quad (6.$$

$$=\int_{-\infty}^{\infty}\int_{-\infty}^{\infty}e^{-C\sqrt{k_x^2+k_y^2}}e^{-i(k_x\xi+k_y\eta)}g(\xi,\eta)\mathrm{d}\xi\mathrm{d}\eta$$

$$=G(k_x,k_y)e^{-C\sqrt{k_x^2+k_y^2}}$$

14)

在右侧表达式的傅里叶变换推导过程中，借助了积分核函数 $k(x,y)$ 的傅里叶变换表达式以及傅里叶位移定理，利用了如下关系

$$\int_{-\infty}^{\infty}\int_{-\infty}^{\infty}\frac{C}{2\pi}\frac{e^{-i(k_xx+k_yy)}}{[(x-\xi)^2+(y-\eta)^2+C^2]^{3/2}}\mathrm{d}x\mathrm{d}y=e^{-C\sqrt{k_x^2+k_y^2}}e^{-i(k_x\xi+k_y\eta)} \quad (6.15)$$

根据式（6.13）和式（6.14），才能得到式（6.12）给出的结果。现在假设式（6.1）与式（6.10）同样存在傅里叶变换关系，则应该有下列关系成立，对式（6.1）左侧应该有

$$F[k_x,k_y,z(x,y)]=\int_{-\infty}^{\infty}\int_{-\infty}^{\infty}f(x,y,z(x,y))e^{-i(k_xx+k_yy)}\mathrm{d}x\mathrm{d}y \quad (6.16)$$

式（6.1）右侧应该有

$$\int_{-\infty}^{\infty}\int_{-\infty}^{\infty}\left\{-\frac{z(x,y)}{2\pi}\int_{-\infty}^{\infty}\int_{-\infty}^{\infty}\frac{g(\xi,\eta)}{[(x-\xi)^2+(y-\eta)^2+z(x,y)^2]^{3/2}}\mathrm{d}\xi\mathrm{d}\eta\right\}e^{-i(k_xx+k_yy)}\mathrm{d}x\mathrm{d}y$$

$$=G(k_x,k_y)e^{z(x,y)\sqrt{k_x^2+k_y^2}}$$

$$(6.17)$$

分析式（6.16）和式（6.17），不难发现，如果曲面的参数方程表示为 $z=z(x,y)$ 形式，那就意味着将曲面上点的 z 坐标视为 x,y 坐标的"函数"，这样曲面上的位场 $f[x,y,z(x,y)]$ 就可以看作只是关于坐标变量 x,y 的二元函数。但式（6.16）和式（6.17）给出的结果中，依然含有 $z(x,y)$，似乎是将 $z(x,y)$ 看作与 x,y 无关的"独立量"，对 x,y 进行变换时，可以不考虑它。显然，这样是前后矛盾的。

重新考察推导式（6.10）的整个过程，即式（6.4）～式（6.9），不难发现，在推导过程中，确实是将 z 当作与 x,y 无关的独立量来处理的。可以这样理解式（6.7）的含义：根据"整个平面 $z=0$"上的位场值 $g(x,y)$，来计算空间"一个点

$[x, y, z(x, y)]$"处的位场值 $f[x, y, z(x, y)]$。为表明是一个点，记该点为 $[x_0,$ $y_0, z(x_0, y_0)]$，与之对应的位场值为 $f[x_0, y_0, z(x_0, y_0)]$，则有

$$f[x_0, y_0, z(x_0, y_0)] = \sum_{n=0}^{\infty} \frac{\Delta z(x_0, y_0)^n}{n!} \mathrm{IFT}\left[G(k_x, k_y) e^{z_0 \sqrt{k_x^2 + k_y^2}} (\sqrt{k_x^2 + k_y^2})^n\right]$$

(6.18)

对应式(6.18)，式(6.19)就变成

$$f[x_0, y_0, z(x_0, y_0)] = \mathrm{IFT}\left[G(k_x, k_y) e^{z(x_0, y_0) \sqrt{k_x^2 + k_y^2}}\right] \qquad (6.19)$$

是否能对式(6.19)两侧取关于 x, y 的傅里叶变换而得到式(6.10)呢？答案是肯定的，但需要这样理解：先让式(6.19)中的 (x_0, y_0) 成为变量 (x, y)，而保持 $z(x_0, y_0)$ 为定值，也就是式(6.19)先转化为

$$f[x, y, z(x_0, y_0)] = \mathrm{IFT}\left[G(k_x, k_y) e^{z(x_0, y_0) \sqrt{k_x^2 + k_y^2}}\right] \qquad (6.20)$$

这一步是纯数学上的操作，是可行的。接着可以对式(6.20)两侧取关于 x, y 的傅里叶变换，得到

$$F[k_x, k_y, z(x_0, y_0)] = G(k_x, k_y) e^{z(x_0, y_0) \sqrt{k_x^2 + k_y^2}} \qquad (6.21)$$

式(6.21)是对式(6.10)的很好解释：式(6.10)中 $z(x, y)$ 应当按照定值 $z(x_0, y_0)$ 来理解。利用式(6.21)，计算得到的是整个平面 $z = z(x_0, y_0)$ 上的场值，但需要的只是该平面上一点 $[x_0, y_0, z(x_0, y_0)]$ 处的场值 $f[x_0, y_0, y_0)]$，该点位于曲面 $z = z(x, y)$ 上。这样，利用式(6.21)，可以"逐点"计算得到曲面上所有点的场值，达到平化曲的目的。显然，这样做的计算代价是相当大的，虽然计算每个点都可以借助 FFT 算法。式(6.18)为实现快速计算整个曲面上场值提供了"捷径"。

仔细分析式(6.18)可知，它巧妙地将计算曲面上"每个"点的位场值时相同的运算"分离"出来了，例如计算曲面上另一点 $[x_1, y_1, z(x_1, y_1)]$（相对点 $[x_0, y_0, z(x_0, y_0)]$ 而言）处的位场值 $f[x_1, y_1, z(x_1, y_1)]$，有

$$f[x_1, y_1, z(x_1, y_1)] = \sum_{n=0}^{\infty} \frac{\Delta z(x_1, y_1)^n}{n!} \mathrm{IFT}\left[G(k_x, k_y) e^{z_0 \sqrt{k_x^2 + k_y^2}} (\sqrt{k_x^2 + k_y^2})^n\right]$$

(6.22)

对比式(6.18)和式(6.22)，很容易看到，两式中相同的运算部分为

$$\mathrm{IFT}\left[G(k_x, k_y) e^{z_0 \sqrt{k_x^2 + k_y^2}} (\sqrt{k_x^2 + k_y^2})^n\right]$$

相同运算部分，在 $n = 0$ 时，其实就是图 6.3 所示平面 $z = z_0$ 上位场 $f(x, y,$

z_0），而 $n=1$，2，…时，就是位场 $f(x, y, z_0)$ 的各阶偏导数 $\dfrac{\partial^n f}{\partial z^n}$。式（6.18）就相当于将计算曲面位场值 $f(x_0, y_0, z_0)$ 的空间域泰勒级数展开计算式即式（6.4），变换到频率域，对应的频率域计算式，而该频率域计算式可以提取一个"公因子"，使其适合于同时计算整个曲面上的位场值，而不用"逐点"计算，这样就大大提高了计算效率。这也是 FDTE 算法效率高的根本原因。

FDTE 算法中的参数 z_0 的作用，直观讲就是确定用哪个平面上的位场值及其各阶导数，根据泰勒级数展开公式来逼近曲面上的位场值。显然 z_0 的选取会影响逼近结果的精度。理论上讲，展开平面与曲面点越接近，逼近结果的精度越高。目前的泰勒级数展开方法，使用时展开平面只选取一个，如文献[62]中 z_0 取曲面的中间位置，即 $z_0 = \dfrac{z_C + z_D}{2}$。那么，在不增加计算量的情况下，多设几个展开平面，逼近效果应该会更好，如图 6.4 所示。

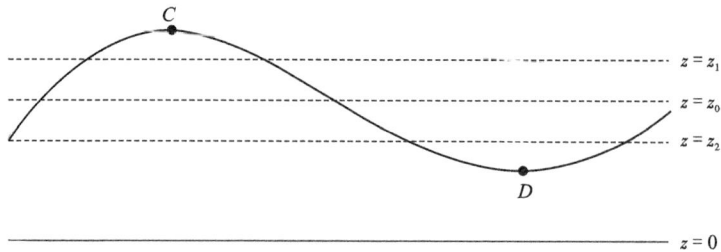

图 6.4　多个展开平面的泰勒级数展开法原理示意图

如果选取多个展开平面，那么泰勒级数展开法与分层插值法就极其相似了，对比图 6.4 和图 6.2 很容易发现这一点。

6.2.3　平化曲算法性能分析

球体组合模型的介绍及模型参数见附录 A。选取的观测区域范围为：X 方向 $-11160 \sim 11160$，Y 方向 $-11160 \sim 11160$；采样点距 $\Delta x = 40$ m，$\Delta y = 40$ m。观测数据维数为 559×559。根据附录 A 中给出的公式（A.2），计算得到的曲面如图 6.5 所示。

$z=0$ m 平面和曲面上的理论磁异常分别如图 6.6（a）和图 6.6（b）所示，磁异常数据的统计值见表 6.1。采用 SI-BCE 算法（分层数取为 10）和 FDTE 算法（泰

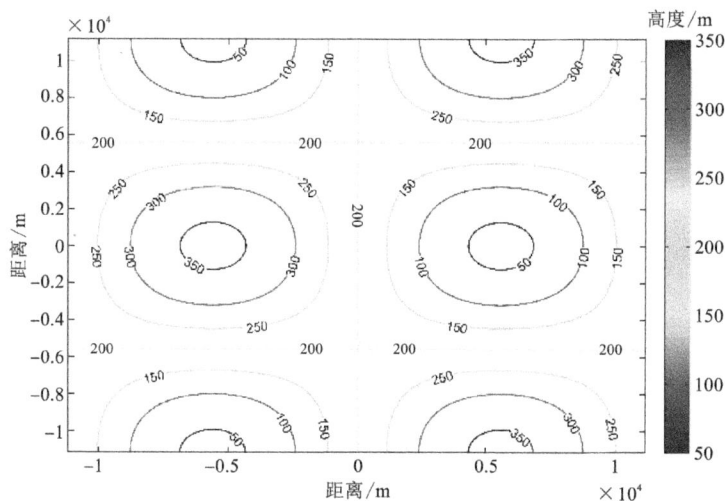

图 6.5　曲面等高线图

（扫目录页二维码查看彩图）

勒级数展开项数取为 10），将 $z=0$ m 平面上磁异常向上延拓至观测曲面，延拓结果如图 6.7（a）和图 6.7（b）所示。从形态上看，两种算法的延拓结果与图 6.6（b）给出的理论值是一致的。将两种延拓结果与理论值作差，误差统计值见表 6.2。对比表 6.1 和表 6.2 给出的数据统计值，可以看出，两种平化曲算法的延拓结果具有很高的精度。从算法效率看，SI-BCE 算法耗时 20 s，FDTE 算法耗时 2 s，FDTE 算法效率高于 SI-BCE 算法。就数据规模而言，SI-BCE 算法的效率也是比较高的，并且，可以采用并行计算技术进一步提高 SI-BCE 算法效率。平化曲算法的快速、高精度的特点，为实现快速曲化平奠定了基础。

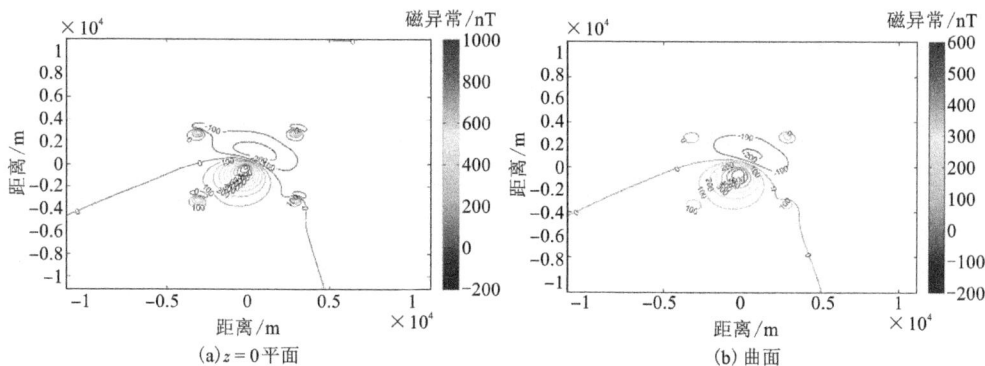

图 6.6　磁异常等值线图

（扫目录页二维码查看彩图）

表 6.1 理论磁异常数据统计值

面类型	最大值/nT	最小值/nT	均值/nT	均方根/nT
平面	1045.28	−272.70	1.72	73.01
曲面	680.66	−212.78	1.52	58.07

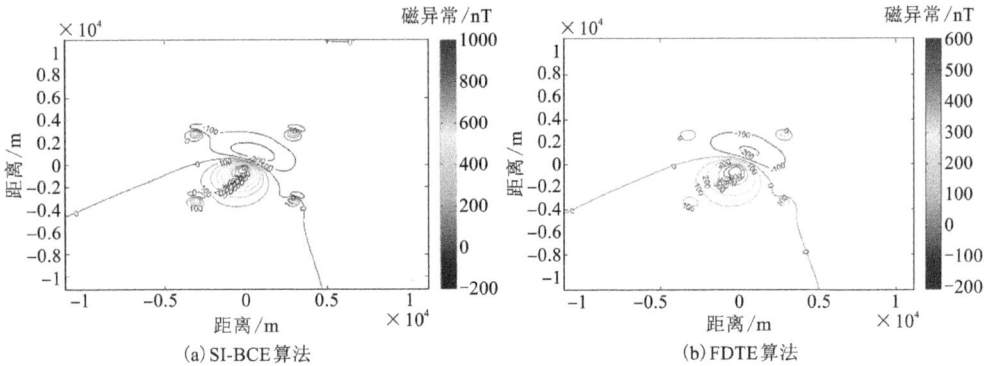

(a) SI-BCE算法 (b) FDTE算法

图 6.7 平化曲结果等值线图

(扫目录页二维码查看彩图)

表 6.2 平化曲结果误差统计值

算法	最大值/nT	最小值/nT	均值/nT	均方根/nT
SI-BCE 算法	1.16	−1.56	−0.03	0.12
FDTE 算法	1.89	−2.03	−0.01	0.19

6.3 曲化平 CGLS-SI-BCE 算法原理

上节给出了平化曲的空间域 SI-BCE 算法和频率域 FDTE 算法,本节将上述两种算法视为曲化平问题中系数矩阵 $\boldsymbol{B}$ 与向量相乘运算的快速数值逼近算法。因此,可以完全采用研究平面位场向下延拓问题的思路和方法,来解决曲化平问题。

目前,较好地解决曲化平问题的算法是文献[62]提出的算法(为表述简洁,按照文献中第一位作者的名字,称该方法为 Xia 方法)和文献[67]提出的插值迭代法。这两种算法都是迭代方法,两种算法的主要迭代过程可以统一表示成如下形式:

$$\boldsymbol{g}_{v+1} = \boldsymbol{g}_v + s \cdot (\boldsymbol{f} - \boldsymbol{B}\boldsymbol{g}_v) \tag{6.23}$$

从迭代格式上看,两种曲化平迭代方法都属于逐次逼近迭代,这是它们的共同之处。两种算法的区别在于算法的具体实现过程,Xia 方法在迭代过程中利用频率域 FDTE 算法实现 $\boldsymbol{Bg}_\nu$ 的快速计算，而插值迭代法在迭代过程中利用 SI-GFT 算法实现 $\boldsymbol{Bg}_\nu$ 的快速计算。

按照研究平面位场向下延拓问题的思路，可以引入多种迭代方法求解曲化平问题。做法就是先将曲化平问题转化为优化问题，然后利用迭代方法对优化问题进行求解。将 5.2.1 节给出的优化泛函中的系数矩阵 $\boldsymbol{A}$ 换成系数矩阵 $\boldsymbol{B}$，可以得到曲化平问题对应的多种优化问题，如对应式(5.4)，曲化平问题对应的最小二乘问题可表示为：

$$J[\boldsymbol{g}] = \frac{1}{2} \parallel \boldsymbol{Bg} - \boldsymbol{f} \parallel_2^2 \tag{6.24}$$

由于曲化平问题与平面位场向下延拓问题的相似性，大量数值实验表明，各种迭代法在求解平面位场向下延拓问题和曲化平问题时，所表现出的性能是相似的。其中，较好的迭代方法还是共轭梯度最小二乘法，即利用共轭梯度法求解式(6.24)给出的最小二乘问题，算法描述见算法 6.3。

算法 6.3 中，系数矩阵 $\boldsymbol{B}$ 与向量相乘，可以采用 SI-BCE 算法或者 FDTE 算法来近似计算，相应的曲化平算法分别称为 CGLS-SI-BCE 算法和 CGLS-FDTE 算法。在实现系数矩阵 $\boldsymbol{B}$ 的转置与向量相乘时，仍采用 SI-BCE 算法或者 FDTE 算法。这样做主要是基于以下两点考虑：第一，虽然系数矩阵 $\boldsymbol{B}$ 不是对称矩阵，但是当观测曲面起伏度相对水平观测距离来讲较小时，系数矩阵 $\boldsymbol{B}$ 接近对称；第二，在共轭梯度法中，系数矩阵 $\boldsymbol{B}$ 与向量的相乘，以及其转置与向量的相乘，影响到的是共轭梯度方向的计算，近似计算得到的共轭梯度方向误差不大时，不影响算法的收敛性。下文将利用数值实验对算法的可行性进行检验。

算法 6.3　曲化平 CGLS 算法

---

1. 给定最大迭代次数 v_{max}，给定初始值 $\boldsymbol{f}_0$，$\nu = 0$；

2. 开始迭代；

3. $\boldsymbol{r}_0 = \boldsymbol{g} - \boldsymbol{Bf}_0$；

4. $\boldsymbol{d}_0 = \boldsymbol{B}^T \boldsymbol{r}_0$；

5. $\tau_\nu = \parallel \boldsymbol{B}^T \boldsymbol{r}_\nu \parallel_2^2 / \parallel \boldsymbol{Bd}_\nu \parallel_2^2$；

6. $\boldsymbol{f}_{\nu+1} = \boldsymbol{f}_\nu + \tau_\nu \boldsymbol{d}_\nu$；

7. $\boldsymbol{r}_{\nu+1} = \boldsymbol{r}_\nu - \tau_\nu \boldsymbol{Bd}_\nu$；

8. $\beta_\nu = \parallel \boldsymbol{B}^T \boldsymbol{r}_{\nu+1} \parallel_2^2 / \parallel \boldsymbol{B}^T \boldsymbol{r}_\nu \parallel_2^2$；

9. $\boldsymbol{d}_{\nu+1} = \boldsymbol{B}^T \boldsymbol{r}_{\nu+1} + \beta_\nu \boldsymbol{d}_\nu$；

10. 如果 $v > v_{max}$，则结束迭代；如果 $v \leq v_{max}$，返回 3。

6.4　CGLS-SI-BCE 算法的性能分析

本节采用球体组合模型数据和实测数据对 CGLS-SI-BCE 算法的性能进行检验，并与插值迭代法进行对比分析。

6.4.1　球体组合模型检验

球体组合模型与 6.2.3 节给出的模型相同。将图 6.6(b) 所示曲面观测数据向下延拓至 $z=0$ 平面，迭代次数取为 50，分层数取为 10，CGLS-SI-BCE 算法和插值迭代法曲化平结果如图 6.8 所示。与图 6.6(a) 给出的理论值对比，可以看出，两种算法曲化平结果与理论值在形态上是一致的。将两种曲化平结果与理论值作差，误差的统计值见表 6.4，与表 6.1 给出的 $z=0$ 平面磁异常数据统计值对比，可以看出，在观测数据无噪声情况下，两种算法曲化平结果都具有较高的精度，且两种算法精度相当。由图 6.9(a) 给出的迭代结果误差曲线可以看出，观测数据无噪声的情况下，两种算法是收敛的。在算法效率方面，迭代 50 次，CGLS-SI-BCE 算法耗时约 22 min，插值迭代法耗时约 16 min。如果采用并行计算技术，算法效率还可以进一步提高。

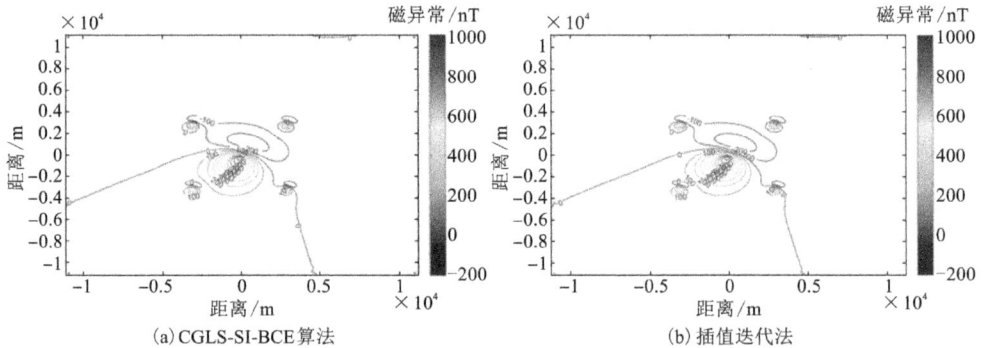

(a) CGLS-SI-BCE 算法　　　　　　　　　(b) 插值迭代法

图 6.8　迭代法曲化平结果(模型数据，无噪声)

(扫目录页二维码查看彩图)

在图 6.6(b) 所示曲面观测数据中加入 20 dB 噪声，CGLS-SI-BCE 算法和插值迭代法迭代结果误差曲线如图 6.9(b) 所示，可以看到，两种算法都出现了半收敛现象，在压制噪声方面，CGLS-SI-BCE 算法优于插值迭代法。取迭代次数为 20，CGLS-SI-BCE 算法和插值迭代法曲化平结果如图 6.10 所示。在形态上，曲

化平结果与理论值大体一致。将两种曲化平结果与理论值作差，误差统计值见表
6.4。分析误差统计值，可以看出，观测数据含有噪声的情况下，迭代次数较少
时，两种算法具有很好的稳定性，从结果精度来看，CGLS-SI-BCE 算法优于插值
迭代法。迭代次数对曲化平结果精度影响很大，在研究中，笔者曾尝试使用离散
L 曲线法确定最优迭代次数。大量数值实验结果表明，根据离散 L 曲线法确定的
迭代次数，不能保证总是得到较好的曲化平结果。实际应用 CGLS-SI-BCE 算法
时，离散 L 曲线法确定的迭代次数可以作为参考，迭代次数一般小于 30。

表 6.3   迭代法曲化平结果误差统计值(模型数据，无噪声)

算法	最大值/nT	最小值/nT	均值/nT	均方根/nT
CGLS-SI-BCE 算法	19.34	-9.97	0.05	0.68
插值迭代法	17.75	-11.43	0.05	0.76

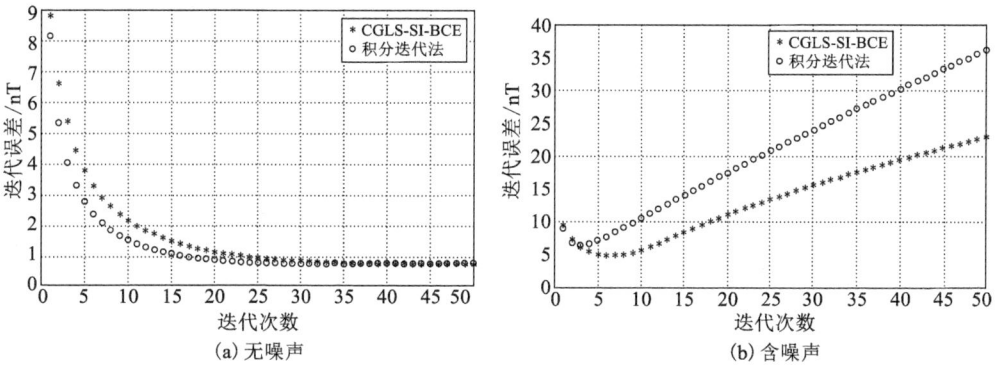

(a) 无噪声

(b) 含噪声

图 6.9   迭代结果误差曲线(模型数据)

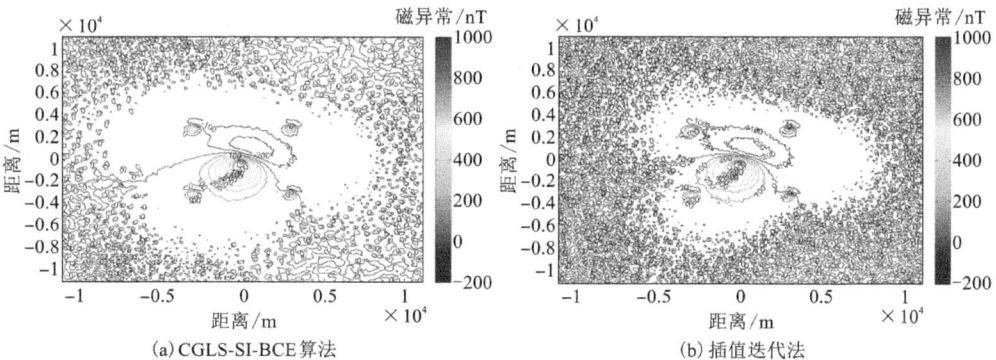

(a) CGLS-SI-BCE 算法

(b) 插值迭代法

图 6.10   迭代法曲化平结果(模型数据，含噪声)

(扫目录页二维码查看彩图)

表 6.4　迭代法曲化平结果误差统计值(模型数据,含噪声)

算法	最大值/nT	最小值/nT	均值/nT	均方根/nT
CGLS-SI-BCE 算法	101.13	−72.67	−0.06	5.73
插值迭代法	118.26	−85.12	0.03	10.52

6.4.2　实测数据检验

由 6.2.3 节给出的数值实验结果可以看出,利用 SI-BCE 算法或者 FDTE 算法进行平化曲,结果精度是很高的。所以,可以先对平面观测数据进行平化曲,得到曲面上的数据,再对曲面数据进行曲化平,与原始平面数据对比,以此检验曲化平算法。对附录 A 中给出的实测磁异常数据二进行平化曲,曲面由附录 A 中的式 A.2 计算得到,如图 6.11 所示,最高点与最低点相差 1600 m。采用 SI-BCE 算法进行平化曲,分层数取为 10,结果如图 6.13(b)所示。在图 6.13(b)给出的平化曲结果中加入 30 dB 噪声,采用 CGLS-SI-BCE 算法和插值迭代法进行曲化平。迭代结果误差曲线如图 6.12 所示,可以看到,两种算法都表现出半收敛性。迭代次数为 20 时,两种算法的曲化平结果由图 6.14 所示。从形态上看,曲化平结果与图 6.13(a)给出的实测磁异常是一致的。将两种曲化平结果与实测磁异常作差,误差统计值见表 6.5,与附录 A 中表 A.3 给出的实测磁异常数据统计值对比,可以看出,两种算法曲化平结果精度是比较高的,且 CGLS-SI-BCE 算法精度优于插值迭代法。

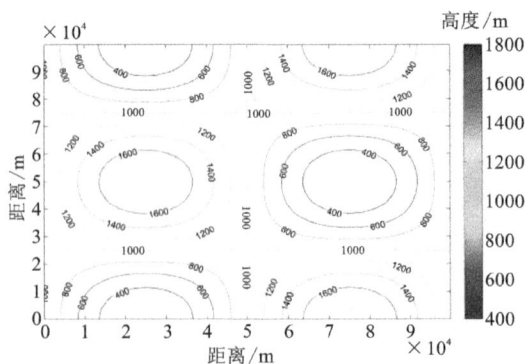

图 6.11　曲面等高线图
(扫目录页二维码查看彩图)

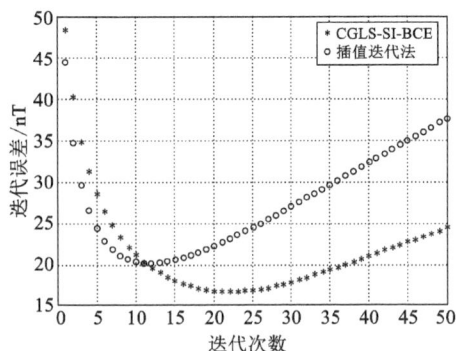

图 6.12　迭代结果误差曲线(实测数据二)

表 6.5　迭代法曲化平结果误差统计值(实测数据二)

算法	最大值/nT	最小值/nT	均值/nT	均方根/nT
CGLS-SI-BCE 算法	358.45	−321.25	0.01	16.60
插值迭代法	314.85	−295.6	−0.04	22.07

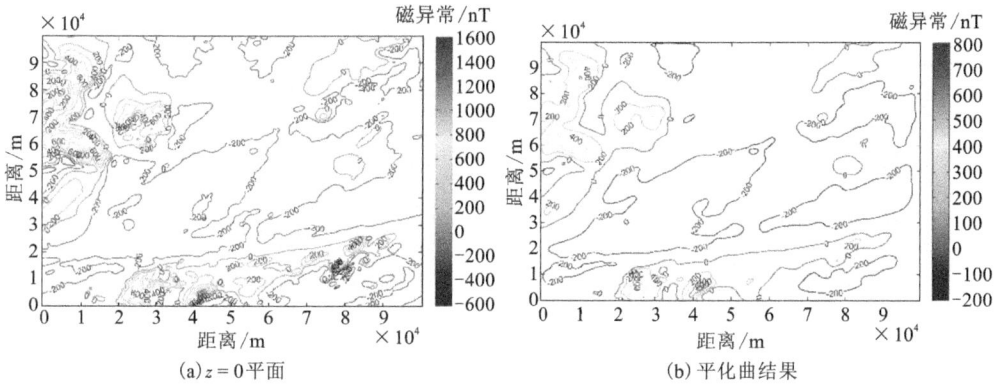

(a) $z=0$ 平面

(b) 平化曲结果

图 6.13　实测磁异常数据

(扫目录页二维码查看彩图)

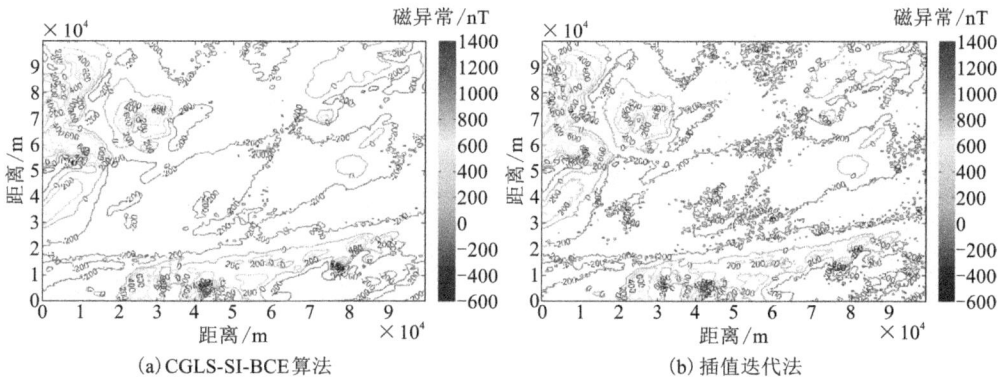

(a)CGLS-SI-BCE算法

(b)插值迭代法

图 6.14　迭代法曲化平结果(实测数据二)

(扫目录页二维码查看彩图)

6.5　本章小结

借鉴平面位场向下延拓空间域方法的研究思路和方法,本章研究了曲化平空间域方法。平化曲是实现曲化平的基础,本书研究了两种快速平化曲方法:空间域分层插值法（SI-BCE 算法）和频率域泰勒级数展开法（FDTE 算法）。数值实验结果表明，两种平化曲算法速度快、精度高。分析了目前两种效果好的曲化平方法，即插值迭代法和 Xia 方法，找出了两种方法的共同点，从迭代格式上看，两种方法都属于逐次逼近迭代。基于快速平化曲算法，本书引入了共轭梯度迭代法，提出了曲化平 CGLS-SI-BCE 算法。数值实验结果表明，CGLS-SI-BCE 算法速度快，稳定性好，在抑制噪声方面，优于插值迭代法。如何确定最优迭代次数，是下一步重点研究的内容。

附　录

▼

附录 A　延拓算法性能测试数据

本书主要研究的是位场延拓算法，自然希望对所研发的算法性能进行客观评价。综合已有位场延拓文献中对所研发的延拓算法的检验方法，结合地磁导航应用背景，选用算法稳定性、算法效率及算法误差作为延拓算法的性能指标，利用模型数据和实测资料数据，通过数值实验对算法进行检验，给出适当的评价。在介绍所使用的模型数据和实测资料数据之前，先给出四个性能指标的含义及检验方法。

（1）算法稳定性

算法的稳定性是指当观测数据有微小扰动时，延拓结果是否会发生大的变化。对算法稳定性的检验，采用的检验方式是：在观测数据中加入零均值高斯白噪声，检查延拓结果的变化情况。

（2）算法效率

算法效率主要考虑算法在计算机上实现时所花费的时间。本书中检验算法效率所使用的计算机，其主要性能指标为：主频为 2.70 GHz，内存为 8.00 G。

（3）算法误差。

算法误差体现在算法对观测数据误差的放大作用。检验方法为：对于模型数据，算法误差用延拓结果与理论值之间的差值的统计值，如最大值、最小值和均方差，来定量衡量。对于一个高度面的航空磁测资料数据，采纳先上延后下延的方式，在上延数据中加入噪声，将延拓结果与原始数据作差，获得统计值。对于一个高度面的海面磁测资料数据，以原始数据向下延拓后的结果为基准数据，对原始数据加入噪声后的延拓结果与基准数据作差，获得统计值。

对延拓算法性能的评价，是依据上述性能指标，采用数值实验的方式实现的。数据是数值实验的基础，为了检验算法的性能，构建了算法性能测试数据库。在测试数据库中，根据数据的来源，大致可以分为两类：通过理论模型"计算"得到的仿真数据和实际测量磁异常数据。仿真数据按照其性质又可以分为位场仿真数据、随机噪声数据和起伏面高程仿真数据。目前，能够获得的实测数据是很少的，已有的实测数据大多是空间某一平面或者曲面上的磁异常数据，而进行算法检验需要的是空间两个对应高度面上的数据。在我们的数据库中，只有一组满足要求的实测数据。所以，仿真数据是对实测数据的必要补充。通常的做法是，先用仿真数据对所研发的算法进行检验，然后用实测数据检验。下面分别对本书中使用的三类仿真数据和实测数据加以介绍。

A.1　位场仿真数据

位场仿真数据是通过"模型"计算得到的。由经典场论的知识可知，通过数学推导，可以得到某些具有规则几何形状(如球体、棱柱体等)的场源所产生的场的空间分布的数学表达式。根据场源的几何参数和磁性参数推导场空间分布规律的过程称为"正演"，前人已做了大量工作，在相关教材中都可以找到模型的数学表达式。在本书中，采用的是球体磁源模型(简称球体组合模型)。单个球体磁源产生的磁异常数学表达式为：

$$\Delta T(x,y,z)=\frac{\mu_0}{4\pi}\frac{m}{[x_1^2+y_1^2+z_1^2]^{5/2}}[(2z_1^2-x_1^2-y_1^2)\sin^2I+(2x_1^2-y_1^2-z_1^2)\cos^2I\cos^2D+$$
$$(2y_1^2-x_1^2-z_1^2)\cos^2I\sin^2D-3x_1z_1\sin 2I\cos D+ \quad (A.1)$$
$$3x_1y_1\cos^2I\sin 2D-3y_1z_1\sin 2I\sin D]$$

对计算式(A.1)作如下解释：

(1)常量符号的含义

μ_0 表示真空磁导率；D 表示磁化强度的偏角；I 表示地磁场倾角，也表示磁化强度倾角；m 表示磁矩，它与磁化率 J 之间存在关系：

$$m = J \times \pi R^3$$

式中，R 表示球体半径。

（2）变量符号的含义

(x, y, z) 表示计算点坐标，$\Delta T(x, y, z)$ 表示位置点 (x, y, z) 上的磁异常，变量 x_1，y_1，z_1 通过下式计算得到：

$$x_1 = x - x_0, \; y_1 = y - y_0, \; z_1 = z - z_0$$

(x_0, y_0, z_0) 为球心坐标。

（3）公式说明

式（A.1）是在磁化强度方向与当地地磁场方向一致的前提下推导出来的，公式中的符号 I 既用来表示地磁场倾角，也用来表示磁化强度倾角。当磁化强度方向与当地地磁场方向不一致时，计算式比较复杂，本书没有采用。仿真数据计算涉及空间直角坐标系，需注意的是，按照惯例，z 轴的方向取垂直向下为正（右手规则）。

给出球体半径 R、球心坐标 (x_0, y_0, z_0)、磁化率 J、磁化强度的偏角 D 以及地磁场倾角 I，可以计算得到空间任意一点 (x, y, z) 处的磁异常 $\Delta T(x, y, z)$。本书中使用的球体模型参数见表 A.1。

表 A.1　球体组合模型参数

序号	x_0/m	y_0/m	z_0/m	$I/(°)$	$D/(°)$	R/m	$J/(\text{A}\cdot\text{m}^{-1})$
1	0	0	−500	45	45	100	100
2	3000	3000	−500	45	45	100	100
3	3000	−3000	−500	45	45	100	100
4	−3000	−3000	−500	45	45	100	100
5	−3000	3000	−500	45	45	100	100
6	0	0	−2000	45	45	500	100

A.2　随机噪声数据

利用模型计算得到的位场数据是"理想化"的数据，可以认为是不含误差的，而实际测量得到的位场数据是存在误差的。为检验算法的稳定性和算法误差，通常的做法是在模型数据中加入随机噪声数据。本书中使用的是零均值的高斯白噪声，它是由 Matlab 函数 awgn 生成的。

A.3 起伏面高程仿真数据

检验曲化平算法性能时，需要生成起伏变化的观测曲面。本书采用如下函数来计算生成起伏面：

$$z(x, y) = p \cdot \Delta x \cdot \cos\left(\frac{2\pi x}{L_x}\right) \cdot \cos\left(\frac{\pi}{2} + \frac{4\pi y}{L_y}\right) \qquad (A.2)$$

式中，p 为可调参数，L_x，L_y 分别为观测曲面在 x 和 y 方向的距离。本书中取 $p = 4$，曲面最高点和最低点相差 $8\Delta x$。

A.4 实测磁异常数据

A.4.1 实测磁异常数据一

某区域对应两个高度平面上的磁异常数据，区域的大小为 (22×25) km^2，采样点距大小为 50 m×50 m。两个观测面高度相差约为 195 m。假设观测面的高度为 $z = 0$ m 和 $z = -195$ m，磁异常数据的统计量见表 A.2。

A.4.2 实测磁异常数据二

某区域的磁异常数据，区域的大小为 (99.6×99.8) km^2，采样点距大小为 200 m×200 m。假设观测面的高度为 $z = 0$ m，磁异常数据的统计量见表 A.3。

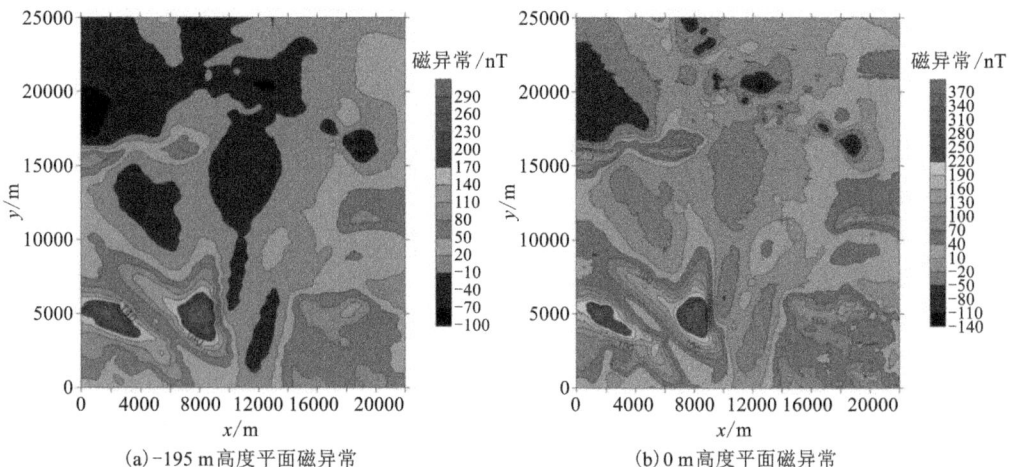

(a) -195 m 高度平面磁异常 　　　　　 (b) 0 m 高度平面磁异常

图 A.1　实测磁异常数据一

(扫目录页二维码查看彩图)

表 A.2 实测磁异常数据一的统计值

观测面高度	最大值/nT	最小值/nT	均方根/nT
$z = 0$ m	375.43	−132.18	56.99
$z = -195$ m	282.82	−86.67	50.99

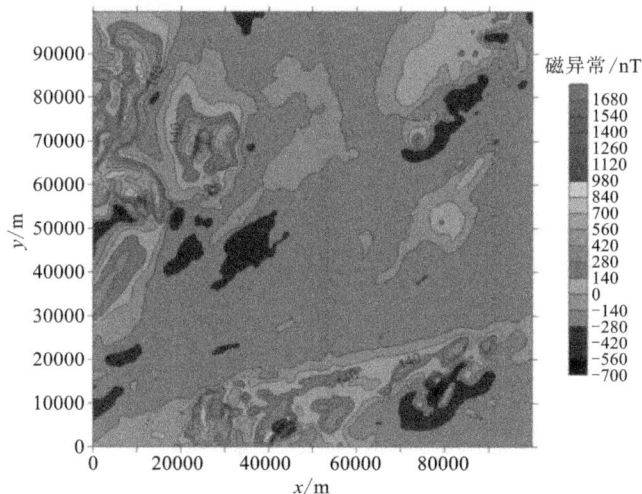

图 A.2 实测磁异常数据二

(扫目录页二维码查看彩图)

表 A.3 实测磁异常数据二的统计值

观测面高度	最大值/nT	最小值/nT	均值/nT	均方根/nT
$z = 0$ m	1624.63	−661.8	−99.21	202.12

111

附录 B　格林公式

设函数 $u(x, y, z)$, $v(x, y, z)$ 在封闭区域 Ω 及其边界 Γ 上连续, 且具有连续的一阶偏导数, 在区域 Ω 内有连续的二阶偏导数, $\vec{n}$ 为闭合边界 Γ 的外法向, 为简单计, 令 $u = u(x, y, z)$, $v = v(x, y, z)$。如果 $A = v\nabla u$, 则:

$$\int_\Omega \nabla \cdot A \mathrm{d}\Omega = \int_\Omega \nabla \cdot (v\nabla u) \mathrm{d}\Omega$$
$$= \int_\Omega (\nabla v \cdot \nabla u + v\nabla^2 u) \mathrm{d}\Omega \qquad (\text{B.1})$$

场论中的高斯公式可表示为:

$$\int_\Omega \nabla \cdot A \mathrm{d}\Omega = \oint_\Gamma A \cdot \vec{n} \mathrm{d}\Gamma \qquad (\text{B.2})$$

式中, $A \cdot \vec{n}$ 是 A 在边界 Γ 的外法向上的投影, 高斯公式建立了区域积分与边界积分的关系。将 $A = v\nabla u$ 代入式 (B.2), 联合式 (B.1), 可得

$$\int_\Omega (\nabla v \cdot \nabla u + v\nabla^2 u) \mathrm{d}\Omega = \oint_\Gamma v\nabla u \cdot \vec{n} \mathrm{d}\Gamma$$
$$= \oint_\Gamma v \frac{\partial u}{\partial n} \mathrm{d}\Gamma \qquad (\text{B.3})$$

即

$$\int_\Omega v\nabla^2 u \mathrm{d}\Omega + \int_\Omega \nabla v \cdot \nabla u \mathrm{d}\Omega = \oint_\Gamma v \frac{\partial u}{\partial n} \mathrm{d}\Gamma \qquad (\text{B.4})$$

上式称为格林第一公式。将式 (B.4) 中的 u, v 互换位置, 可得

$$\int_\Omega u\nabla^2 v \mathrm{d}\Omega + \int_\Omega \nabla u \cdot \nabla v \mathrm{d}\Omega = \oint_\Gamma u \frac{\partial v}{\partial n} \mathrm{d}\Gamma \qquad (\text{B.5})$$

式 (B.5) 与式 (B.4) 相减可得

$$\int_\Omega (u\nabla^2 v - v\nabla^2 u) \mathrm{d}\Omega = \oint_\Gamma \left(u \frac{\partial v}{\partial n} - v \frac{\partial u}{\partial n} \right) \mathrm{d}\Gamma \qquad (\text{B.6})$$

上式称为格林第二公式。

附录 C　频率域正则延拓算子的推导

在本部分，我们将详细地推导位场向上延拓正则化法频率域延拓算子，考虑到完整性，我们将需要用到的正文中已有的公式再次给出，符号与正文保持一致。本部分推导过程参考了文献[31]中相似问题的推导过程。

平面位场延拓边界积分方程为：

$$f(x, y) = \frac{\Delta z}{2\pi} \int_{-\infty}^{\infty} \int_{-\infty}^{\infty} \frac{g(\xi, \eta) \mathrm{d}\xi \mathrm{d}\eta}{\left[(x - \xi)^2 + (y - \eta)^2 + \Delta z^2 \right]^{3/2}} \tag{C.1}$$

核函数为：

$$k(x, y) = \frac{\Delta z}{2\pi (x^2 + y^2 + \Delta z^2)^{3/2}} \tag{C.2}$$

$k(x, y)$ 关于 x, y 的傅里叶变换为频率域理论延拓算子，即存在关系：

$$\int_{-\infty}^{\infty} \int_{-\infty}^{\infty} k(x, y) \mathrm{e}^{-\mathrm{i}(k_x x + k_y y)} \mathrm{d}x \mathrm{d}y = \mathrm{e}^{-\Delta z \sqrt{k_x^2 + k_y^2}} \tag{C.3}$$

根据核函数定义，式(C.1)可表示为：

$$f(x, y) = \int_{-\infty}^{\infty} \int_{-\infty}^{\infty} k(x - \xi, y - \eta) g(\xi, \eta) \mathrm{d}\xi \mathrm{d}\eta \tag{C.4}$$

平面位场向下延拓的 Tikhonov 正则化方法中，我们所要优化的目标泛函为：

$$J[g] = \| k(x, y) * g(x, y) - f(x, y) \|_{L_2}^2 + \alpha \| g(x, y) \|_{L_2}^2 \tag{C.5}$$

泛函式(C.5)的具体表达式为：

$$J[g] = \int_{-\infty}^{\infty} \int_{-\infty}^{\infty} \left[\int_{-\infty}^{\infty} \int_{-\infty}^{\infty} k(x - \xi, y - \eta) g(\xi, \eta) d\xi d\eta - f(x, y) \right]^2 \mathrm{d}x\mathrm{d}y + \alpha \int_{-\infty}^{\infty} \int_{-\infty}^{\infty} g^2(x, y) \mathrm{d}x\mathrm{d}y \tag{C.6}$$

采用变分法，对式(C.6)求极值。令 $\delta g(x, y)$ 表示 $g(x, y)$ 的变分，我们采用如下方法推导泛函 $J[g]$ 的一阶变分 $\delta J[g]$ 的表达式：

$$\delta J[g] = \frac{\mathrm{d}}{\mathrm{d}\beta} J[g + \beta \cdot \delta g] \bigg|_{\beta = 0} \tag{C.7}$$

一阶变分 $\delta J[g]$ 的具体推导过程如下：

$$\frac{\mathrm{d}}{\mathrm{d}\beta} J[g + \beta \cdot \delta g] |_{\beta = 0}$$

$$= 2 \iint \left[\iint k(x - \xi, y - \eta) g(\xi, \eta) \mathrm{d}\xi \mathrm{d}\eta - f(x, y) \right] \left[\iint k(x - \xi, y - \eta) \delta g(\xi, \eta) \mathrm{d}\xi \mathrm{d}\eta \right] \mathrm{d}x\mathrm{d}y +$$

$$2\alpha \iint g(x, y) \cdot \delta g(x, y)\,dxdy$$

$$= 2\iint\left\{\iint\left[k(x-\xi, y-\eta)k(x-r, y-s)\,dxdy\right]g(\xi, \eta)\,d\xi d\eta\right\}\delta g(r, s)\,drds -$$

$$2\iint\left[\iint k(x-r, y-s)f(x, y)\,dxdy\right]\delta g(r, s)\,drds + 2\alpha\iint g(r, s)\cdot\delta g(r, s)\,drds$$

$$= 2\iint\left\{\iint\left[k(x-\xi, y-\eta)k(x-r, y-s)\,dxdy\right]g(\xi, \eta)\,d\xi d\eta -\right.$$

$$\left.\iint k(x-r, y-s)f(x, y)\,dxdy + \alpha g(r, s)\right\}\delta g(r, s)\,drds \qquad (\text{C}.8)$$

令 $\delta J[f] = 0$，由 $\delta g(x, y)$ 的任意性可得：

$$\iint\left[k(x-\xi, y-\eta)k(x-r, y-s)\,dxdy\right]g(\xi, \eta)\,d\xi d\eta -$$

$$\iint k(x-r, y-s)f(x, y)\,dxdy + \alpha g(r, s) = 0 \qquad (\text{C}.9)$$

式（C.9）即为泛函 $J[f]$ 对应的欧拉（Euler）方程。下面的主要过程是将式（C.9）转换到频率域，得到频率域正则延拓算子。注意对式（C.9）两侧作傅里叶变换是对变量 r 和 s 而言的。在推导过程中，关系式（C.3）起到重要作用。由式（C.2）可知：

$$k(x-r, y-s) = k(r-x, s-y)$$

根据式（C.3）和傅里叶变换的位移性质，可得：

$$\iint k(x-r, y-s)\mathrm{e}^{-\mathrm{i}(k_x r + k_y s)}\,drds = \mathrm{e}^{-\Delta z\sqrt{k_x^2 + k_y^2}}\mathrm{e}^{-\mathrm{i}(k_x x + k_y y)} \qquad (\text{C}.10)$$

为方便表述，将式（C.9）左侧分为三部分，分别对每部分进行傅里叶变换，推导过程如下：

$$\iint\left\{\iint\left[k(x-\xi, y-\eta)k(x-r, y-s)\,dxdy\right]g(\xi, \eta)\,d\xi d\eta\right\}\mathrm{e}^{-\mathrm{i}(k_x r + k_y s)}\,drds$$

$$= \iint\left\{\iint k(x-\xi, y-\eta)\left[\iint k(x-r, y-s)\mathrm{e}^{-\mathrm{i}(k_x r + k_y s)}\,drds\right]dxdy\right\}g(\xi, \eta)\,d\xi d\eta$$

$$= \iint\left\{\iint k(x-\xi, y-\eta)\mathrm{e}^{-\mathrm{i}(k_x x + k_y y)}\mathrm{e}^{-\Delta z\sqrt{k_x^2 + k_y^2}}\,dxdy\right\}g(\xi, \eta)\,d\xi d\eta \qquad (\text{C}.11)$$

$$= \iint g(\xi, \eta)\mathrm{e}^{-\mathrm{i}(k_x \xi + k_y \eta)}\mathrm{e}^{-2\Delta z\sqrt{k_x^2 + k_y^2}}\,d\xi d\eta$$

$$= G(k_x, k_y)\mathrm{e}^{-2\Delta z\sqrt{k_x^2 + k_y^2}}$$

$$\iint\left[\iint k(x-r,\ y-s)f(x,\ y)\mathrm{d}x\mathrm{d}y\right]\mathrm{e}^{-\mathrm{i}(k_x r+k_y s)}\mathrm{d}r\mathrm{d}s$$

$$=\iint\left[\iint k(x-r,\ y-s)\mathrm{e}^{-\mathrm{i}(k_x r+k_y s)}\mathrm{d}r\mathrm{d}s\right]f(x,\ y)\mathrm{d}x\mathrm{d}y \qquad (\text{C}.12)$$

$$=\iint f(x,\ y)\mathrm{e}^{-\mathrm{i}(k_x x+k_y y)}\mathrm{e}^{-\Delta z\sqrt{k_x^2+k_y^2}}\mathrm{d}x\mathrm{d}y$$

$$=F(k_x,\ k_y)\mathrm{e}^{-\Delta z\sqrt{k_x^2+k_y^2}}$$

$$\iint g(r,\ s)\mathrm{e}^{-\mathrm{i}(k_x r+k_y s)}\mathrm{d}r\mathrm{d}s=G(k_x,\ k_y) \qquad (\text{C}.13)$$

根据式(C.11)~式(C.13)，可得欧拉方程在频率域表达式为：

$$G(k_x,\ k_y)\mathrm{e}^{-2\Delta z\sqrt{k_x^2+k_y^2}}-F(k_x,\ k_y)\mathrm{e}^{-\Delta z\sqrt{k_x^2+k_y^2}}+\alpha G(k_x,\ k_y)=0 \qquad (\text{C}.14)$$

由式(C.14)可得频率域正则延拓算子为：

$$H_{\text{Tikhonov}}(k_x,\ k_y)=\frac{G(k_x,\ k_y)}{F(k_x,\ k_y)}=\frac{\mathrm{e}^{-\Delta z\sqrt{k_x^2+k_y^2}}}{\mathrm{e}^{-2\Delta z\sqrt{k_x^2+k_y^2}}+\alpha} \qquad (\text{C}.15)$$

附录 D　加权积分解析表达式的推导

推导加权积分 $h(x, y; \xi_i, \eta_j)$ 的解析表达式，需要借助一个重要结果，即密度为 ρ 的棱柱体场源产生的引力场垂直分量 g_z 的解析表达式。由经典场论可知，g_z 可由下式计算得到：

$$g_z(x, y, z) = -G\rho \int_{c_1}^{c_2} \int_{b_1}^{b_2} \int_{a_1}^{a_2} \frac{z - \zeta}{\left[(x - \xi)^2 + (y - \eta)^2 + (z - \zeta)^2\right]^{3/2}} \mathrm{d}\xi \mathrm{d}\eta \mathrm{d}\zeta$$

(D.1)

式中，a_1，a_2 为棱柱体在 x 方向的边界，b_1，b_2 为棱柱体在 y 方向的边界，c_1，c_2 为棱柱体在 z 方向的边界，z 轴垂直向下为正。

由文献[95, 96]可知，积分式(D.1)具有如下解析解

$$g_z(x, y, z) = -G\rho \sum_{i=1}^{2} \sum_{j=1}^{2} \sum_{k=1}^{2} \mu_{ijk} \left[x_i \ln(y_j + r_{ijk}) + y_j \ln(x_i + r_{ijk}) - z_k \arctan \frac{x_i y_j}{z_k r_{ijk}} \right]$$

(D.2)

式中，

$x_i = x - a_i$，$y_j = y - b_j$，$z_k = z - c_k$，$r_{ijk} = \sqrt{x_i^2 + y_j^2 + z_k^2}$，$\mu_{ijk} = (-1)^i (-1)^j (-1)^k$

定义函数

$$f(\zeta) = \int_{b_1}^{b_2} \int_{a_1}^{a_2} \frac{\zeta - z}{\left[(x - \xi)^2 + (y - \eta)^2 + (z - \zeta)^2\right]^{3/2}} \mathrm{d}\xi \mathrm{d}\eta$$

(D.3)

根据式(D.2)和式(D.3)，简单推导可得

$$\int_{c_1}^{c_2} f(\zeta) \mathrm{d}\zeta = \sum_{i=1}^{2} \sum_{j=1}^{2} \sum_{k=1}^{2} \mu_{ijk} \left[z_k \arctan \frac{x_i y_j}{z_k r_{ijk}} - x_i \ln(y_j + r_{ijk}) - y_j \ln(x_i + r_{ijk}) \right]$$

$$= \sum_{i=1}^{2} \sum_{j=1}^{2} \mu_{ij} \left[(z - \zeta) \arctan \frac{x_i y_j}{(z - \zeta) r_{ij}} - x_i \ln(y_j + r_{ij}) - y_j \ln(x_i + r_{ij}) \right] \Bigg|_{\zeta = c_1}^{\zeta = c_2}$$

(D.4)

式中，

$x_i = x - a_i$，$y_j = y - b_j$，$r_{ij} = \sqrt{x_i^2 + y_j^2 + (z - \zeta)^2}$，$\mu_{ij} = (-1)^i (-1)^j$

定义函数

$$F(\zeta) = \sum_{i=1}^{2} \sum_{j=1}^{2} \mu_{ij} \left[(z-\zeta)\arctan \frac{x_i y_j}{(z-\zeta)r_{ij}} - x_i \ln(y_j + r_{ij}) - y_j \ln(x_i + r_{ij}) \right]$$

$$(D.5)$$

分析式(D.4)，根据微积分基本定理可知，函数 $F(\zeta)$ 为函数 $f(\zeta)$ 的原函数，即

$$\frac{d}{d\zeta} F(\zeta) = f(\zeta) \tag{D.6}$$

式(D.5)对 ζ 进行求导，可得

$$f(\zeta) =$$
$$\sum_{i=1}^{2} \sum_{j=1}^{2} \mu_{ij} \left[-\arctan \frac{x_i y_j}{(z-\zeta)r_{ij}} + \frac{x_i y_j (z-\zeta) \cdot (r_{ij}^2 + (z-\zeta)^2)}{r_{ij} \left[(x_i y_j)^2 + (z-\zeta)^2 r_{ij}^2 \right]} + \frac{x_i (z-\zeta)}{r_{ij}(r_{ij}+y_j)} + \frac{y_j(z-\zeta)}{r_{ij}(r_{ij}+x_i)} \right]$$

$$(D.7)$$

本书中给出的加权积分 $h(x, y; \xi_i, \eta_j)$ 为

$$h(x, y; \xi_i, \eta_j) = \int_{\xi_i - \Delta x}^{\xi_i + \Delta x} \int_{\eta_j - \Delta y}^{\eta_j + \Delta y} \frac{\Delta z}{\left[(x-\xi)^2 + (y-\eta)^2 + \Delta z^2 \right]^{3/2}} d\xi d\eta \quad (D.8)$$

综合分析式(D.3)、式(D.7)和式(D.8)，根据三式中 z、ζ 和 Δz 所代表的含义，可知三者存在关系

$$\Delta z = \zeta - z$$

所以，由上述三式可以推导得到

$$h(x, y; \xi_i, \eta_j) =$$
$$\sum_{p=1}^{2} \sum_{q=1}^{2} \mu_{pq} \left[\arctan \frac{X_p Y_q}{\Delta z R_{pq}} - \frac{(X_p Y_q \Delta z) \cdot (R_{pq}^2 + \Delta z^2)}{R_{pq} \left[(X_p Y_q)^2 + (\Delta z R_{pq})^2 \right]} - \frac{X_p \Delta z}{R_{pq}(R_{pq}+Y_q)} - \frac{Y_q \Delta z}{R_{pq}(R_{pq}+X_p)} \right]$$

$$(D.9)$$

式中，

$$X_1 = x - \xi_i + 0.5\Delta x, \quad X_2 = x - \xi_i - 0.5\Delta x, \quad Y_1 = y - \eta_j + 0.5\Delta y, \quad Y_2 = y - \eta_j - 0.5\Delta y$$

$$R_{pq} = \sqrt{X_p^2 + Y_q^2 + \Delta z^2}, \quad \mu_{pq} = (-1)^p (-1)^q$$

由式(D.9)给出的结果可以看出，加权积分可以表示为

$$h(x - \xi_i, y - \eta_j) = h(x, y; \xi_i, \eta_j)$$

即式(D.8)可以表示为

$$h(x - \xi_i, y - \eta_j) = \int_{\xi_i - \Delta x}^{\xi_i + \Delta x} \int_{\eta_j - \Delta y}^{\eta_j + \Delta y} \frac{\Delta z}{\left[(x-\xi)^2 + (y-\eta)^2 + \Delta z^2 \right]^{3/2}} d\xi d\eta$$

$$(D.10)$$

现在证明加权积分 $h(x - \xi_i, y - \eta_j)$ 是关于 $x - \xi_i$ 和 $y - \eta_j$ 的偶函数，即

$$h(x - \xi_i, y - \eta_j) = h(\xi - x_i, y - \eta_j), \quad h(x - \xi_i, y - \eta_j) = h(x - \xi_i, \eta_j - y)$$

在式(D.10)中，令 $\xi' = x - \xi$，进行积分变量代换，可得

$$h(x - \xi_i, y - \eta_j) = -\int_{x+\Delta x}^{x-\Delta x} \int_{\eta_j - \Delta y}^{\eta_j + \Delta y} \frac{\Delta z}{[(\xi_i - \xi')^2 + (y - \eta)^2 + \Delta z^2]^{3/2}} d\xi' d\eta$$

$$= \int_{x-\Delta x}^{x+\Delta x} \int_{\eta_j - \Delta y}^{\eta_j + \Delta y} \frac{\Delta z}{[(\xi_i - \xi')^2 + (y - \eta)^2 + \Delta z^2]^{3/2}} d\xi' d\eta$$

$$= h(\xi_i - x, y - \eta_i)$$

上述推导过程中，将 x 和 ξ_i 都视为定值。同理可证明加权积分也是关于 $y - \eta_j$ 的偶函数。

本部分的推导为本专著的一项重要成果。

参考文献

[1] 徐世浙. 地球物理中的有限单元法[M]. 北京：科学出版社，1994.

[2] LEONARD J J, BENNETT A A, SMITH C M, et al. Autonimous underwater vehicle Navigation [J]. MIT Marine Robotics Labotics Laboratory Technical Memorandum. 1998, 1: 1-17.

[3] 刘承香. 水下潜器的地形匹配辅助定位技术研究[D]. 哈尔滨：哈尔滨工程大学，2003.

[4] 严卫生，徐德民，李俊. 自主水下航行器导航技术[J]. 火力与指挥控制，2004, 29(6): 11-15, 19.

[5] 彭富清. 地磁模型与地磁导航[J]. 海洋测绘，2006, 26(2): 73-75.

[6] 徐世浙，张秀达，张昌达. 水下磁定位的若干问题[J]. 海军大连舰艇学院学报，2007, 30(3): 4-6.

[7] 杨云涛，石志勇，关贞珍，等. 地磁场在导航定位系统中的应用[J]. 中国惯性技术学报，2007, 15(6): 686-692.

[8] 郝燕玲，赵亚凤，胡峻峰. 地磁匹配用于水下载体导航的初步分析[J]. 地球物理学进展，2008, 23(2): 594-598.

[9] 冯浩楠，杨照华，房建成. 地磁辅助导航系统发展及应用研究[J]. 仪器仪表学报，2008, 29(4): 639-642.

[10] 周军，葛致磊，施桂国，等. 地磁导航发展与关键技术[J]. 宇航学报，2008, 29(5): 1467-1472.

[11] 丁永忠，王建平，徐枫. 地磁导航在水下航行体导航中的应用[J]. 鱼雷技术，2009,

17(3)：47-51.

[12] 郭才发，胡正东，张士峰，等. 地磁导航综述[J]. 宇航学报，2009，30(4)：1314-1319，1389.

[13] BLAKELY R J. Potential theory in gravity and magnetic applications[M]. Cambridge, UK: Cambridge University Press, 1995.

[14] 管志宁. 地磁场与磁力勘探[M]. 北京：地质出版社，2005.

[15] ZENG H, XU D, TAN H. A model study for estimating optimum upward-continuation height for gravity separation with application to a Bouguer gravity anomaly over a mineral deposit, Jilin province, NorthEast China[J]. Geophysics, 2007, 72(4): 145-150.

[16] 徐世浙，余海龙，李海侠，等. 基于位场分离与延拓的视密度反演[J]. 地球物理学报，2009，52(6)：1592-1598.

[17] DEAN W C. Frequency analysis for gravity and magnetic interpretation[J]. Geophysics, 1958, 23(1): 97-127.

[18] COOLEY J W, TUKEY J W. An algorithm for the machine calculation of complex Fourier series [J]. Mathematics of Computation, 1965, 19(90): 297-301.

[19] 巴特(M. Bath). 地球物理学中的谱分析[M]. 郑治真，等译. 北京：地震出版社，1978.

[20] 巴特(M. Bath). 地球物理学中的谱分析：固体地球物理学进展[M]. 郑治真，等译. 北京：地震出版社，1978.

[21] 熊光楚. 磁(重力)异常的变换及滤波技术[M]. 北京：冶金工业出版社，1990.

[22] CORDELL L, GRAUCH V J S. Reconciliation of the discrete and integral Fourier transforms [J]. Geophysics, 1982, 47(2): 237-243.

[23] RICARD Y, BLAKELY R J. A method to minimize edge effects in two-dimensional discrete Fourier transforms[J]. Geophysics, 1988, 53(8): 1113-1117.

[24] 段本春，徐世浙. 磁(重力)异常局部场与区域场分离处理中的扩边方法研究[J]. 物探化探计算技术，1997，19(4)：298-304.

[25] 柴玉璞. 偏移抽样理论及其应用[M]. 北京：石油工业出版社，1997.

[26] 侯重初. 一种压制干扰的频率滤波方法[J]. 物探与化探，1979，3(5)：50-54.

[27] 侯重初. 补偿圆滑滤波方法[J]. 石油物探，1981，20(2)：22-29.

[28] 侯重初. 位场的频率域向下延拓方法[J]. 物探与化探，1982，6(1)：33-40.

[29] 王延忠，熊光楚. 位场向下延拓组合滤波器的设计和应用[J]. 地球物理学报，1985，28(5)：537-543.

[30] 毛小平，吴蓉元，曲赞. 频率域位场下延的振荡机制及消除方法[J]. 石油地球物理勘探，1998，33(2)：230-237，284.

[31] 高玉文，骆遥，文武. 补偿向下延拓方法研究及应用[J]. 地球物理学报，2012，55(8)：

2747-2756.

[32] 肖庭延, 于慎根, 王彦飞. 反问题的数值解法[M]. 北京: 科学出版社, 2003.

[33] 吉洪诺夫 A H, Тихонов A H, 阿尔先宁 B Я, 等. 不适定问题的解法[M]. 王秉忱, 译. 北京: 地质出版社, 1979.

[34] 栾文贵. 地球物理中的反问题[M]. 北京: 科学出版社, 1989.

[35] 梁锦文. 位场向下延拓的正则化方法[J]. 地球物理学报, 1989, 32(5): 600-608.

[36] 陈生昌, 肖鹏飞. 位场向下延拓的波数域广义逆算法[J]. 地球物理学报, 2007, 50(6): 1816-1822.

[37] PAŠTEKA R, KARCOL R, KUŠNIRÁK D, et al. REGCONT: A Matlab based program for stable downward continuation of geophysical potential fields using Tikhonov regularization[J]. Computers & Geosciences, 2012, 49: 278-289.

[38] 徐世浙. 位场延拓的积分-迭代法[J]. 地球物理学报, 2006, 49(4): 1176-1182.

[39] 刘东甲, 洪天求, 贾志海, 等. 位场向下延拓的波数域迭代法及其收敛性[J]. 地球物理学报, 2009, 52(6): 1599-1605.

[40] 王顺杰, 朱海, 栾禄雨. 水下地磁导航中位场积分迭代法收敛性分析[J]. 地球物理学进展, 2009, 24(3): 1095-1097.

[41] 于波, 翟国君, 刘雁春, 等. 噪声对磁场向下延拓迭代法的计算误差影响分析[J]. 地球物理学报, 2009, 52(8): 2182-2188.

[42] 曾小牛, 李夕海, 刘代志, 等. 积分迭代法的正则性分析及其最优步长的选择[J]. 地球物理学报, 2011, 54(11): 2943-2950.

[43] 姚长利, 李宏伟, 郑元满, 等. 重磁位场转换计算中迭代法的综合分析与研究[J]. 地球物理学报, 2012, 55(6): 2062-2078.

[44] 曾小牛, 李夕海, 韩绍卿, 等. 位场向下延拓三种迭代方法之比较[J]. 地球物理学进展, 2011, 26(3): 908-915.

[45] ZENG X N, LI X H, SU J, et al. An adaptive iterative method for downward continuation of potential-field data from a horizontal plane[J]. Geophysics, 2013, 78(4): J43-J52.

[46] HUESTIS S P, PARKER R L. Upward and downward continuation as inverse problems[J]. Geophysical Journal of the Royal Astronomical Society, 1979, 57(1): 171-188.

[47] HUESTIS S P. The continuation inverse problem revisited[J]. Geophysical Journal International, 1998, 133(3): 705-712.

[48] COOPER G. The stable downward continuation of potential field data[J]. Exploration Geophysics, 2004, 35(4): 260-265.

[49] FEDI M, FLORIO G. A stable downward continuation by using the ISVD method[J]. Geophysical Journal International, 2002, 151(1): 146-156.

[50] 宁津生, 汪海洪, 罗志才. 基于多尺度边缘约束的重力场信号的向下延拓[J]. 地球物理学报, 2005, 48(1): 63-68.

[51] 于波, 翟国君, 刘雁春, 等. 利用航磁数据向下延拓得到海面磁场的方法[J]. 测绘学报, 2009, 38(3): 202-209.

[52] CORDELL L. Techniques, applications and problems of analytical continuation of New Mexico aeromagnetic data between arbitrary surfaces of very high relief [C]//Proceedings of the international meeting on potential fields in rugged topography, 1985: 96-101.

[53] CORDELL L, GRAUCH V J S. Mapping basement magnetization zones from aeromagnetic data in the San Juan basin, new Mexico[M]//The Utility of Regional Gravity and Magnetic Anomaly Maps. Tulsa: Society of Exploration Geophysicists, 1985: 181-197.

[54] DAMPNEY C N G. The equivalent source technique[J]. Geophysics, 2012, 34(1): 39-53.

[55] EMILIA D A. Equivalent sources used as an analytic base for processing total magnetic field profiles[J]. Geophysics, 1973, 38(2): 339-348.

[56] BHATTACHARYYA B K, CHAN K C. Reduction of magnetic and gravity data on an arbitrary surface acquired in a region of high topographic relief [J]. Geophysics. 1977, 42 (7): 1411-1430.

[57] 杜维本. 三维重磁场"曲化平"的一个方法[J]. 地球物理学报, 1982, 25(1): 73-83.

[58] 陈钟琦. 等效偶层法位场曲面延拓的原理和计算方法[J]. 地球物理学报, 1983, 26(1): 70-79.

[59] HANSEN R O, MIYAZAKI Y. Continuation of potential fields between arbitrary surfaces[J]. Geophysics, 1984, 49(6): 787-795.

[60] 侯重初, 蔡宗熹, 刘奎俊. 从偶层位出发建立曲面上的位场转换解释系统[J]. 地球物理学报, 1985, 28(4): 410-418.

[61] PILKINGTON M, URQUHART W E S. Reduction of potential field data to a horizontal plane [J]. Geophysics, 1990, 55(5): 549-555.

[62] 王万银, 潘作枢, 李家康. 三维高精度重磁位场曲面延拓方法[J]. 物探与化探, 1991, 15(6): 415-422.

[63] XIA J H, SPROWL D R, ADKINS-HELJESON D. Correction of topographic distortions in potential-field data: a fast and accurate approach[J]. Geophysics, 1993, 58(4): 515-523.

[64] CIMINALE M, LODDO M. Potential field continuation: a comparative analysis of three different types of software[J]. Annals of Geophysics, 41(3): 18.

[65] 刘天佑, 杨宇山, 李媛媛, 等. 大型积分方程降阶解法与重力资料曲面延拓[J]. 地球物理学报, 2007, 50(1): 290-296.

[66] LI Y G, OLDENBURG D W. Rapid construction of equivalent sources using wavelets[J].

Geophysics, 2010, 75(3): L51-L59.

[67] 蔡宗熹. 曲面上的位场理论及其在地球物理中的应用[M]. 郑州：河南科学技术出版社, 2002.

[68] 徐世浙, 余海龙. 位场曲化平的插值-迭代法[J]. 地球物理学报, 2007, 50(6): 1811-1815.

[69] 杨再朝. 应用迭代法进行位场的曲化平[J]. 石油地球物理勘探, 1989, 24(2): 200-207, 216.

[70] 刘金兰, 王万银, 于长春. 逐步逼近曲化平方法研究[J]. 地球物理学报, 2007, 50(5): 1551-1557.

[71] 陈生昌, 林晨, 李佩. 位场数据曲化平的迭代法[J]. 地球物理学进展, 2009, 24(4): 1320-1326.

[72] 徐世浙. 地球物理中的边界单元法[M]. 北京：科学出版社, 1995.

[73] 徐世浙. 迭代法与FFT法位场向下延拓效果的比较[J]. 地球物理学报, 2007, 50(1): 285-289.

[74] WINOGRAD S. On computing the discrete Fourier transform[J]. Proceedings of the National Academy of Sciences of the United States of America, 1976, 73(4): 1005-1006.

[75] WINOGRAD S. On computing the discrete Fourier transform[J]. Proc Natl Acad Sci USA, 1976, 73(4): 1005-1006.

[76] DUHAMEL P, HOLLMANN H. 'split radix' FFT algorithm[J]. Electronics Letters, 1984, 20(1): 14-16.

[77] COOLEY J, LEWIS P, WELCH P. Historical notes on the fast Fourier transform[J]. IEEE Transactions on Audio and Electroacoustics, 1967, 15(2): 76-79.

[78] HEIDEMAN M, JOHNSON D, BURRUS C. Gauss and the history of the fast Fourier transform[J]. IEEE ASSP Magazine, 1984, 1(4): 14-21.

[79] DUHAMEL P, VETTERLI M. Fast Fourier transforms: a tutorial review and a state of the art[J]. Signal Processing, 1990, 19(4): 259-299.

[80] 曾华霖. 重力场与重力勘探[M]. 北京：地质出版社, 2005.

[81] HANSEN P C. Analysis of discrete ill-posed problems by means of the L-curve[J]. SIAM Review, 1992, 34(4): 561-580.

[82] HANSEN P C, O'LEARY D P. The use of the L-curve in the regularization of discrete ill-posed problems[J]. SIAM Journal on Scientific Computing, 1993, 14(6): 1487-1503.

[83] HANSEN P C. The L-curve and its use in the numerical treatment of inverse problems[C]// Johnston P. In Computational Inverse Problems in Electrocardiology. Southampton, 2000: 119-142.

［84］ CALVETTI D, HANSEN P C, REICHEL L. L - curve curvature bounds via Lanczos bidiagonalization ［J］. Electronic Transactions on Numerical Analysis. 2002, 14: 20-35.

［85］ HANSEN P C, JENSEN T K. An adaptive pruning algorithm for the discrete l-curve criterion ［J］. Elsevier,2004,11.

［86］ 杨文采. 用于位场数据处理的广义反演技术［J］. 地球物理学报, 1986, 29(3): 283-291.

［87］ VOGEL C R. Computational Methods for Inverse Problems［M］. Philadelphia: Society for Industrial and Applied Mathematics, 2002.

［88］ DEMME J W. 应用数值线性代数［M］. 王国荣,译. 北京: 人民邮电出版社, 2007.

［89］ HANKE M. Conjugate gradient type methods for ill-posed problems［M］. Harlow, Essex, England: Longman Scientific & Technical, 1995.

［90］ 杨文采. 地球物理反演的理论与方法［M］. 北京: 地质出版社, 1997.

［91］ HANSEN P C. Rank-Deficient and Discrete Ill-Posed Problems［M］. Philadelphia: Society for Industrial and Applied Mathematics, 1998.

［92］ HANSEN P C. Discrete Inverse Problems［M］. Philadelphia: Society for Industrial and Applied Mathematics, 2010.

［93］ GHOLAMI A, SIAHKOOHI H R. Regularization of linear and non-linear geophysical ill-posed problems with joint sparsity constraints［J］. Geophysical Journal International, 2010, 180(2): 871-882.

［94］ PARKER R L. The rapid calculation of potential anomalies［J］. Geophysical Journal of the Royal Astronomical Society, 1973, 31(4): 447-455.

［95］ 李素敏, 张万清. 地磁场资源在匹配制导中的应用研究［J］. 制导与引信, 2004, 25(3): 19-21.

［96］ PLOUFF D. Gravity and magnetic fields of polygonal prisms and application to magnetic terrain corrections［J］. Geophysics, 1976, 41(4): 727-741.

［97］ LI X, CHOUTEAU M. Three-dimensional gravity modeling in all space［J］. Surveys in Geophysics, 1998, 19(4): 339-368.

图书在版编目(CIP)数据

地磁场延拓高效算法研究及其应用／陈龙伟等著. --长沙：
中南大学出版社，2025.6. --ISBN 978-7-5487-6336-9

Ⅰ. P318.1

中国国家版本馆 CIP 数据核字第 2025E85N57 号

地磁场延拓高效算法研究及其应用
DICICHANG YANTUO GAOXIAO SUANFA YANJIU JIQI YINGYONG

陈龙伟　陈欣　吴乐园　欧阳芳　吕云霄　著

□出　版　人	林绵优	
□责任编辑	刘小沛	
□责任印制	李月腾	
□出版发行	中南大学出版社	
	社址：长沙市麓山南路	邮编：410083
	发行科电话：0731-88876770	传真：0731-88710482
□印　　装	广东虎彩云印刷有限公司	

□开　　本	710 mm×1000 mm　1/16	□印张 8.25	□字数 163 千字
□互联网+图书	二维码内容　图片 30 张		
□版　　次	2025 年 6 月第 1 版	□印次 2025 年 6 月第 1 次印刷	
□书　　号	ISBN 978-7-5487-6336-9		
□定　　价	52.00 元		

图书出现印装问题，请与经销商调换